U0182474

我们的海洋

The Sea Around Us

[美] 蕾切尔·卡森（Rachel Carson） 著
邹[illegible] 译

中国科学技术出版社
·北 京·

图书在版编目（CIP）数据

我们的海洋 /（美）蕾切尔·卡森（Rachel Carson）著；邹玲译 . — 北京：中国科学技术出版社，2024.4
书名原文：The Sea Around Us
ISBN 978-7-5236-0531-8

Ⅰ . ①我… Ⅱ . ①蕾… ②邹… Ⅲ . ①海洋学—普及读物 Ⅳ . ① P7-49

中国国家版本馆 CIP 数据核字（2024）第 042532 号

策划编辑	方　理	责任编辑	方　理
封面设计	仙境设计	版式设计	蚂蚁设计
责任校对	邓雪梅	责任印制	李晓霖

出　　版　中国科学技术出版社
发　　行　中国科学技术出版社有限公司发行部
地　　址　北京市海淀区中关村南大街 16 号
邮　　编　100081
发行电话　010-62173865
传　　真　010-62173081
网　　址　http://www.cspbooks.com.cn

开　　本　880mm × 1230mm　1/32
字　　数　164 千字
印　　张　9.375
版　　次　2024 年 4 月第 1 版
印　　次　2024 年 4 月第 1 次印刷
印　　刷　北京盛通印刷股份有限公司
书　　号　ISBN 978-7-5236-0531-8 / P · 234
定　　价　69.00 元

谨以此书献给

亨利・布莱恩特・比格洛（Henry Bryant Bigelow）

他躬行实践，引领人类探索海洋

1961 年版序

自古以来，海洋一直挑战着人类思维和想象力的上限，时至今日，它仍然是地球上最后一片未知疆域。海洋如此广阔，如此遥不可及，纵使人们竭尽全力探索，仍难免管窥蠡测之憾。即便是在各项技术狂飙突进的 20 世纪，这一情况也并无大的改变。直至第二次世界大战期间，人们方才重燃对海洋积极探索的热情，当时人们清晰地意识到，我们对海洋的了解危险地不足。尽管船舶在海上航行，潜艇在海下穿梭，但我们对海底世界的了解仅限于一些最基本的地理概念。在海洋动力学方面，我们的知识甚至更加匮乏，尽管预测潮汐、洋流和海浪的能力可能决定着军事行动的成败。在明确的现实需求的驱使下，美国和其他主要海洋大国的政府开始加大对海洋科学研究的投入。大量仪器和设备应时而生，赋予海洋学家描绘海底轮廓、研究深海水流，甚至对海床取样的新手段。

随着研究速度的大幅加快，人类关于海洋的陈旧观念也不断刷新。到了 20 世纪中叶，关于海洋的新认知初具雏形，但这时它仍像一幅巨大的画布，艺术家仅在画布上勾勒出大致轮廓，尚有大片空白等待着细笔描摹。

1951 年我撰写本书时，人类在海洋方面的知识水平大抵如此。从那时起，不断有新的发现填补画布上的空白。在再版中，我补充了一些重要的新发现。[①]

20 世纪 50 年代，海洋科学研究蓬勃发展。载人潜水器直抵当时所知最深的海底洞穴，冰下航行的潜艇横穿北极。人们得以发现海底的许多新特征，包括一些新发现的海底山脉是彼此相连的，它们连绵不断，形成了世上最雄伟的山脉，环绕了整个地球；人们还发现了隐藏在海洋深处的河流，以及流量可媲美 1000 个密西西比河的次表层流。在 1957—1958 年的国际地球物理年中，来自 40 个国家的 60 艘科考船，以及位于不同海岛和海岸的数百个科考站，合作开展了一项卓有成效的海洋研究。

目前取得的成就振奋人心，但我们务须认识到，人类对覆盖着大部分地表的海洋深处的探索才刚刚开始。1959 年，美国国家科学院海洋学委员会的一群杰出科学家宣称："与海洋对人类的重要性相比，人类对海洋的了解程度不值一提。"

① 补充部分用中括号和楷体标明。——编者注

该委员会建议，20 世纪 60 年代美国的海洋基础研究投入应该至少翻倍，否则就会“危及美国在海洋学研究领域的地位”，并会“使美国在未来的海洋资源利用方面处于不利地位”。

在众多面向未来的项目中，一个颇具吸引力的设想是尝试通过钻孔在海床之下三四英里[①]深处取样来探索地球内部。该项目得到了美国国家科学院的支持，目的是抵达目前仪器所不能及的深度，探索地壳和地幔的边界。这个边界又被地质学家称为莫霍洛维契奇界面（以下简称“莫霍界面”），以 1909 年发现它的一位南斯拉夫科学家的名字命名。

地震波在经过莫霍界面时速度会发生明显变化，这表明地震波从一种介质传递到了另一种截然不同的介质。莫霍界面在陆地下的深度比在海洋之下的更深，因此虽然深海钻探困难重重，但人类还是将希望寄托于此。莫霍界面之上是由轻质岩石组成的地壳，之下是厚约 1800 英里的地幔，包裹着炙热的地核。目前人类尚未完全了解地壳的组成，只能通过间接方法来推断地幔的性质。如果能穿透地壳和地幔并带回真实样本，那么人类对地球性质的了解必将向前一大步，对宇宙的认识也能进一步提高，因为地球的深层结构应该与其他行星类似。

① 英制单位，1英里≈1.6千米。——编者注

众多专家的联合研究成果加深了我们对海洋的了解，关于海洋的新认知逐渐形成并不断得到巩固。1950 年，人们还认为深海是一个永恒寂静的深渊，幽暗的海底深处最多只有缓慢流动的水流，与海面和浅海隔绝开来。如今这一说法已然不合时宜，新观点将深海视为一个充满洋流和变化的地方。与旧观点相比，这一全新认知更加激动人心，并对我们这个时代的一些最紧迫的问题具有深远的意义。

新观点以动态发展的眼光看待问题，认为深海的底床会受到海洋盆地的斜坡上倾泻而下的浑浊水流或泥石流的影响，也经常受到海底滑坡和内潮的扰动。水流将一些海底山脉的山峰和山脊上的沉积物扫荡一空，用地质学家布鲁斯·海森（Bruce Heezen）的话来说，这些水流就像“阿尔卑斯山积雪崩塌，掩盖住低处斜坡地势”。

现在人们已经知道，深海平原不仅没有与大陆和周围的浅海区域隔绝，反而不断地接收来自陆地边缘的沉积物。在漫长的地质时期里，浊流用沉积物填平了海底的沟壑和空洞。这个观点有助于我们解开一些谜团。比如，作为海岸侵蚀和海浪研磨产物的沙砾沉积物，为什么会出现在位于海洋中央的洋底？通往深海的海底峡谷入口处的沉积物，为什么会含有木屑和树叶这样的陆源物质？遥远的深海平原的沙子中为什么会出现坚果、树枝和树皮？暴雨、洪水或者地震引发的水流奔腾而下所携带的大量沉积物，或许就是原因所在。

虽然人类关于海洋动态的观念可能早在几十年前就形成了，但只有在近十年研发出先进仪器后，我们方得以窥见隐藏的海水运动。如今人们猜测，海洋表面和底部之间的所有黑暗区域都有暗流涌动。即使是像墨西哥湾流这样强大的表层流，也并非如我们想象的那样，是一条宽阔而稳定流动的洋流，而是包括了无数个回旋的、狭小的温暖激流。在表层流之下还有其他洋流，它们的速度、方向和流量皆与表层流不同。这些洋流之下又有其他洋流。以前一般认为，深海是永恒静止的；而今，在海洋深处拍摄的海底照片上出现的波痕表明，流动的水体会筛选沉积物并带走细小的颗粒。巨型海底山脉——大西洋中脊（Atlantic Ridge）的大部分山峰都被强大的洋流侵蚀，而每一座海下山峰照片上的波痕和冲蚀痕昭示着深海洋流的作用。

这些照片也为深海生命的存在提供了新的证据。海床上布满了由未知生命形式建造的小型锥形物的痕迹，还有小型穴居动物居住的洞穴。丹麦科考船加拉提亚号（Galathea）曾利用挖泥船采集深海生物样本，但直到最近人们才意识到，深海的生命太珍贵，禁不起这样的打扰。这些关于海洋动态性质的发现不仅是学术成果，也不仅是有趣但毫无用处的小知识，它们直接关系到当下的一些重大问题。

尽管人类在掌管地球自然资源方面劣迹斑斑，但是长期以来，人类一直自我安慰，相信海洋是未受侵犯的，人类的力量不足以改变和掠夺海洋。不幸的是，如今看来这种想法过于天真。现代人类在研发原子弹的过程中，已经发现自己面临着一个可怕的问题：如何处理人类历史上所知的最危险的物质，即原子核裂变的副产物？人类所面临的严峻问题是：能否在不改变地球宜居性的前提下妥善处置这些致命物质？

如今，关于海洋的任何记录都免不了要提及这个不详的问题。苦于如何处置核废物的人类将目光投向了广阔而遥远的海洋，在未经充分讨论并让公众知情的情况下，将海洋选为核废物和其他低放射性废料的“天然”填埋场。这一做法直到 20 世纪 50 年代后期才引起关注。人们把核废物装进混凝土内壁的桶中，运到事先确定好的地点，丢入大海。有些核废物丢弃的距离海岸 100 英里或者更远，但最近有人建议在离岸仅 20 英里远的地方投放核废物。理论上，这些桶会被沉入约 1000 英寻[①]的深海，但有时它们的实际埋藏深度要浅得多。据

① 英制单位，1英寻≈1.83米。——编者注

称，这些桶至少有十年的使用寿命，十年过后桶中的放射性物质会被释放到海洋中。但再次强调，这只是理论而已。美国原子能委员会的一名代表支持向海洋倾倒核废物以及授权其他人这样做，并且公开承认，这些桶在沉入海底的过程中不大可能保持完整。在美国加利福尼亚州进行的测试也证实，一些桶在几百英寻处就会因压力而破裂。

被装在桶中沉入海底的核废物全部释放到海水中不过是时间问题。随着原子能科学的发展应用，更多的核废物将会随之而来。除了沉积在海底的废弃物，还要考虑那些作为核废物倾倒场的河流，其被污染的河水流入海中，以及原子弹试验产生的放射性沉降物，它们大部分都落在广阔的海洋表面。

可见，上述做法基于最不靠谱的推测，罔顾监管机构提出的安全抗议。海洋学家表示他们只能“粗略估计”放射性元素进入深海之后的后果，并声称需要多年深入研究，才能了解这些沉积在河口和沿海海域的核废物带来的影响。最新研究显示，海洋各个层面的活动都远远超出之前的想象。深海湍流，辽阔水体在不同方向、不同层面的水平运动，携带海底矿物质从深海向上翻涌的水流，以及反方向下沉的大量表层海水共同作用，使海水发生大规模混合，并最终导致放射性污染物的普遍分布。

海洋对放射性元素的传播不过是海洋问题的冰山一角。对人类而言，海洋生物对放射性同位素的富集和传播的危害更加严重。众所周知，海洋中的动植物会吸收并富集放射性元素，但具体细节我们还不得而知。海洋中的微生物依靠海水中的矿物质为生。如果矿物质的正常供给不足，生物就会转而利用矿物质的放射性同位素（如果存在）。有时，生物体内的放射性物质浓度可以达到海水的百万倍。可想而知，这会对人们提出的"最高容许浓度"产生什么样的影响：微生物被大型生物摄取，放射性物质就这样沿着食物链，一层层传递到人类。正是基于此，比基尼环礁核试验（Bikini bomb test）场地[①]周围数百平方英里范围内的金枪鱼体内的放射性物质浓度远高于海水中的浓度。

海洋生物会不断运动和迁徙，这进一步打破了海洋中的放射性核废物会一直停留在倾倒区域的预想。微生物在夜间有规律地进行大规模的垂直运动，向上涌至海洋表面，白天则潜入深海。与它们一起移动的还有其体表附着或体内含有的放射性物质。其他可能进行长距离迁徙的大型动物群，如鱼类、海

① 1946—1958年，美国在马绍尔群岛上的比基尼环礁引爆了23枚核武器，试验场所包括珊瑚礁上、海面、空中和水下。——编者注

豹和鲸，也会加快海洋中放射性物质的传播和分布。

这一问题的复杂程度和危害程度都超出人类的预料。在开始往海里倾倒放射性核废物之后不久，就有研究证明，这种做法所依据的假设是站不住脚的。但现实是，核废物处置的速度超出了人类现有的知识水平。先倾倒再研究必然会招致灾难，因为放射性物质一旦进入海洋，就无法补救，后患无穷。

这是一个颇具讽刺意味的情境：海洋，生命的摇篮，如今却遭到了它所孕育的生命的反噬。但是无论海洋的环境如何恶化，它都将永续存在，而人类终将自食恶果。

蕾切尔·卡森

马里兰州银泉市

目录

下篇　人类和周围的海洋

上篇　海洋母亲

第一章　混沌初始

地是空虚混沌，渊面黑暗。

——《创世纪》

事物的起源往往是神秘莫测的，伟大的生命之母——海洋亦不例外。关于海洋如何形成，又在何时形成，至今仍众说纷纭。人们在这个问题上各持己见，也不足为奇。没有人亲眼见证过海洋的形成，这是毋庸置疑的事实。既然没有见证者的证词，就必然会产生形形色色的见解。因此，本书所述早期地球环境如何形成海洋的故事，也是通过旁征博引归纳而成的。这个故事以地球上最古老的岩石为依据，当地球还“年轻”的时候，这些岩石也很“年轻”；地球的卫星——月球表面留下的其他证据也可以佐证；太阳和繁星浩瀚的宇宙历史中也隐含了线索。虽然无人亲历过宇宙的诞生，但是星星、月亮和岩石就在那里，它们的确与海洋的形成密切相关。

1

我所写的事件至少发生在20亿年前。经科学研究证实，这与地球的年龄大致相仿，与海洋的年龄也相差无几。如今，人们可以通过测量地壳岩石中放射性物质的衰变率来测定岩石的年龄。迄今发现的最古老的岩石位于加拿大马尼托巴省（Manitoba），距今约23亿年之久。考虑到地球物质冷却形成岩石地壳需要近1亿年时间，我们可以推测，与地球诞生有关的大爆炸事件发生在近25亿年前。但这只是保守估计，因为未来有可能发现更古老的岩石。

［1961年版注：随着更古老的岩石被发现和研究方法的改进，地球的年龄不断被修正。目前发现的最古老的岩石位于北美加拿大地盾区（Shield）。这些岩石的确切年龄尚未确定，但加拿大马尼托巴省和安大略省的一些岩石被认为形成于约30亿年以前。在苏联的卡累利阿半岛（Karelia Peninsula）和南非也发现了更古老的岩石。地质学家普遍认为，目前的地质时期概念在未来还将大大拓展。各个地质纪的长度已经过初步的调整，并且寒武纪的年代比10年前已推迟了1亿年。然而，寒武纪之前的漫长时期仍存在着极大的不确定性。那是一个没有岩石化石记录的年代。尽管我们可以通过间接证据推断，在出现生物

化石之前，生命就已大量存在，但其具体形式仍无迹可寻。

地质学家通过研究岩石，确立了在该漫长时间段里具有代表性的一些时间基准，如元古代和太古代。这表明北美东部的古格伦维尔山脉（Grenville Mountains）大约有10亿年历史。安大略省等地裸露的地表岩石中含有大量的石墨，无声地证明了在这些岩石形成时期植物非常繁茂，因为植物是碳的常见来源。据考证，位于美国明尼苏达州和加拿大安大略省的佩诺克（Penokean）山脉（之前被地质学家称为基拉尼山脉）有17亿年的历史。曾经巍峨的山脉如今只留下残迹，即绵延起伏的低矮山丘。在加拿大、苏联和非洲地区发现的更古老的岩石，可以追溯到30亿年前，这表明地球本身可能形成于约45亿年前。]

2

新生的地球刚与母体太阳分离时，还是一团不停旋转的气体。它炽热无比，在各种强大力量的作用下沿着一条路径，以一定的速度穿梭于宇宙的黑暗空间。当这团燃烧的气体球逐渐冷却，气体也开始液化后，地球就变成了一个熔融体，其中的物质最终都按照一个特定的模式分离：中心最重，周围较轻，而外缘最轻。这个模式一直延续至今，即地球的中心是熔融铁，还保持着20亿年前的炙热，中间层是半塑性玄武岩，相对较薄的坚硬外层是固体玄武岩和花岗岩。

接下来数百万年，新生的地球的外壳逐渐从液态转变为固态。人们相信，月球的形成这一至关重要的事件，发生在地球完全固化之前。当你漫步于夜晚的海滩，凝视着水面上的月光粼粼，倾听由月亮牵引的潮涨潮落时，请记住，月亮本身可能就是一股由地球物质组成的巨大潮汐波被撕裂到太空中形成的[①]；而且，如果月亮真的是以这种方式形成的，那么这一事件可能与我们所熟知的海洋盆地和大陆的形成息息相关。

早在海洋出现之前，新生的地球上就已经有了潮汐。地球表层的熔融液体在太阳引力的作用下，如潮水般整体上升，在地球表面肆意翻腾。随着地球外壳冷却、凝固和硬化，这种活动才逐渐放缓并减弱。支持“潮汐分裂说”的人认为，在地球演化的早期阶段，某些原因导致这种滚动的黏稠潮汐积聚速度和力量，并上升到了不可思议的高度。显然，这股引发地球上史无前例的大规模潮汐的力量就是共振力，因为此时太阳潮汐的周期已经接近，直至等于液态地球自由振荡的周期。因此，每一次的太阳潮汐都因地球振荡的推动力而获得动量，这

① 潮汐分裂说存在许多难以自圆其说的缺点，后被撞击成因说所替代。——编者注

种潮汐每天发生两次，规模一次比一次大。物理学家通过计算发现，经过500年的大幅稳定增长之后，朝向太阳一侧的潮汐因为高度太高而无法保持稳定，导致一大股潮汐波被扯断并跌入太空。这颗新形成的卫星立即受到物理定律的约束，开始沿着自己的轨道围绕地球旋转，形成了我们所说的月球。

人们有理由相信，这一事件发生在地球外壳略微硬化之后，而不是在地球处于半液态时。如今，地球表面上仍留有一道巨大的疤痕或者说凹陷，也就是太平洋海盆。按照一些地球物理学家的说法，太平洋的底部是玄武岩，玄武岩是构成地球中间层的物质；而其他所有大洋的底部都是一层薄薄的花岗岩，也就是构成地球外层的主要物质。我们不禁要问，太平洋的花岗岩覆盖层去哪儿了？最容易想到的假设就是它在月球形成时被剥离了。这一假设有据可查。因为月球的平均密度（3.3克/立方厘米）远小于地球的平均密度（5.5克/立方厘米），这表明月球并未带走地球上较重的铁矿石，而是仅由构成地球外层的花岗岩和一些玄武岩组成。

月球的诞生可能不但影响了太平洋，还促进了世界上其他海洋的形成。当部分地壳被剥离后，余下的花岗岩外壳必然发生相应的变化。在地球的另一面，与月球疤痕相对应的花岗岩可能裂开；当地球绕着自转轴旋转并在太空轨道上飞驰时，裂痕可能越来越宽，花岗岩块开始向四周散落，在缓慢硬化的焦油状玄武岩层上移动。玄武岩的外层慢慢变硬，一直漂泊的大陆也停止移动，在海洋中安定下来。虽然反对声音也存在，但人们已发现了重要的地质证据，似乎可以证明各大海洋盆地和大陆陆块从地球早期起就大致处于今天所在的位置。

3

但这些都只是猜测，因为月亮诞生的时候还没有海洋。逐渐冷却的地球被厚重的云层包裹，云层里包含了这个新生星球的大部分水。长期以来，地球的表面都炙热无比，水分还没来得及落下就被转化为蒸汽。这层浓密且不断更新的云层非常厚，任何太阳光线都无法穿透它。就在这个到处都是炙热的岩石和旋涡状云的昏暗幽冥世界中，在被黑暗笼罩的地球表面上，雕刻出了陆地和空空如也的海洋盆地的基本轮廓。

待地壳足够冷却，雨水开始下落。地球上此后再未下过这样的雨。雨持续不停地下着，夜以继日，经年累月，数百年里不曾停歇。雨水涌入海洋盆地，或者落到沉默等待的陆地，最终汇聚成海洋。

随着雨水慢慢填满海洋盆地，原始海洋的体积快速增加，这时的海水里几乎没有盐分。但是不断降落的雨水是陆地

“溶解”的象征。从雨水开始下落的那一刻起，陆地就开始被侵蚀溶解，随雨水流入海洋。这是一个无穷无尽、不可阻挡且永不停歇的过程。岩石溶解之后，其中所含的矿物质被浸出，岩石碎块和溶解的矿物质一同汇入海洋。随着岁月的流逝，海洋因为来自陆地的盐分而变得愈加咸涩。

4

我们仍然无从得知，海洋以何种方式产生了原生质这一神秘而又奇妙的物质。在温暖昏暗的水域中，未知的温度、压力和盐度一定是生命从无到有的关键条件。无论如何，这三者综合作用产生的结果，不是炼金术士用坩埚或者现代科学家在实验室可以再现的。

在第一个活细胞被创造出来之前，生命可能已经经历了多次的尝试和失败。似乎在温暖且盐度适宜的原始海洋中，二氧化碳、硫、氮、磷、钾和钙形成了某些特定的有机物质。这或许是原生质复杂分子出现的过渡阶段。这些复杂分子通过某种方式获得了自我复制的能力，成为无尽的生命之流的源头。但目前人类的智慧尚不足以厘清整个过程的来龙去脉。

最初的生命体可能是简单的微生物，与我们今天所知的某些细菌类似。它们介于动物与植物之间，既不完全是植物，也不完全是动物，而是一种刚刚跨越了生命与非生命的无形界线的神秘生命形式。人们无法确定最初的生命是否具备叶绿素——有了叶绿素，植物才能在阳光下将无生命的化学物质转化为自身组织内的生命物质。当时的地球雨水连绵，几乎没有光线能够穿透厚厚的云层照进这个昏暗的世界。海洋母亲的第一个孩子可能是依靠当时海水中存在的有机物质为生，也可能像现在的铁细菌和硫细菌一样，直接以无机物质为食。

当云层逐渐变薄，黑夜与白昼开始交替时，阳光终于第一次照在海洋上。这时，一些漂浮在海洋中的生物一定已经进化出神奇的叶绿素。它们可以利用空气中的二氧化碳，以及海洋中的水分和其他元素，在阳光下合成所需的有机物质。第一批真正的植物由此诞生。

另一部分生物没有叶绿素，却需要有机食物维持生命。它们发现可以依靠吞食植物来生存，于是第一批动物诞生了。自那一天起直到现在，世界上的每一种动物都延续了在古老海洋中养成的习惯，通过复杂的食物链，直接或间接从植物身上获取食物以维持生命。

时光飞逝，数百年甚至数百万年匆匆而过，生命之流变得越来越复杂，从简单的单细胞生物，进化到由分化细胞聚集而成的生物，再到具有进食、消化、呼吸和繁殖器官的生物。

海绵生长在海边布满岩石的海底，珊瑚虫在温暖、清澈的海域栖息，水母在海里游弋。海洋中出现了蠕虫、海星和具有多分节附肢的硬壳类生物，也就是节肢动物。植物也在不断进化，从微观藻类发展为具有分枝和子实体的海草，这些海草随着潮水飘摇，被海浪从海岸岩石上扯下，开始随波逐流。

5

在这段时间，陆地上还没有生命。没有什么能够诱使生物上岸，放弃为它们提供一切、包容一切的海洋母亲。陆地是一片不毛之地，再华丽的语言也无法描述它的荒凉。我们可以想象它的表面布满裸露的岩石，没有一丝绿意，也没有一点土壤，因为能够促进土壤形成并将它固定在岩石上的陆地植物还未出现。这块全是石头的陆地上一片死寂，除横扫它的雨声和风声外，再无其他动静，既没有生物的声音，也没有生物在岩石表面活动的迹象。

与此同时，这颗星球在逐渐冷却，地球坚硬的表层花岗岩外壳形成，更深的内层也在逐渐冷却。随着地球的内层慢慢冷却收缩，内层与外壳逐渐分离。而为了适应不断缩小的内核，地球的外壳开始皱缩，形成了地球上最早的山脉。

地质学家告诉我们，在那段暗无天日的时光里，地球至少经历过两个造山时期（通常称为“运动”），但是因为年代过于久远，岩石上并没有留下任何记录，山脉本身也早已被侵蚀殆尽。大约10亿年前，地壳经历了第三次大规模隆起和变化，但如今唯一能提醒我们这段壮丽岁月的，只有加拿大东部的劳伦山脉（Laurentian hills），以及哈得孙湾（Hudson Bay）附近平原的花岗岩地盾。

造山运动加快了陆地被冲刷和侵蚀，以及破碎岩石所含矿物质回到海洋的速度。隆起的山峰被寒冷的高层大气包围，承受着霜、雪和冰的侵袭，岩石慢慢破裂、崩塌。雨水更加猛烈地敲打在山坡上，湍急的水流带走原本属于山峰的物质。此时的陆地上仍然没有植被，无法抵挡雨水侵蚀的力量。

海洋中的生命持续进化。最早的生命形式没有留下任何可供我们鉴别的化石。这可能是因为它们是软体生物，没有坚硬部分可以保存。同时，在地壳的褶皱下方，早期形成的岩石层也经受着巨大的热量和压力的洗礼，因此即使曾有化石存在，也在此过程中化为乌有。

不过，岩石保存了过去5亿年里的化石记录。寒武纪开始后不久，生命的历史首次被镌刻在岩页上。此时海洋中的生命已经进化出了所有主要的无脊椎动物（除了节肢动物中的昆虫和蜘蛛），但是还没有进化出脊椎动物，也没有进化出能够冒险进入险恶陆地环境的动物或植物。所以，在地质时期超过四分之三的时间里，陆地都是一片荒凉，无生命居住，而海洋正在孕育能够在日后抢占陆地并让陆地环境变得宜居的生命。与此同时，地球还在剧烈颤动，火山喷出烈火和浓烟，山峰隆起又被削平，冰山在地表来回移动，海水漫过陆地又退去。

6

直到进入大约 4 亿年前的志留纪后，陆地生命的第一批先驱才爬上岸，这就是节肢动物。这个伟大的族群后来演化出了螃蟹、龙虾和昆虫。它与现代的蝎子有某些相似之处，但与它的某些后代不同，它从未完全切断与海洋的纽带。它过着一种奇怪的生活，半陆栖半水栖，有点像今天在海滩上急匆匆地跑来跑去的沙蟹属动物，时不时冲进海浪里润湿鳃部。

鱼类在河流中不断进化，体型逐渐变窄，被流水的压力塑造成流线型。在干旱时期，干涸的池塘和潟湖中氧气短缺，这迫使鱼类进化出鱼鳔来储存空气。有一种鱼拥有能够呼吸空气的肺，它会将身体埋在泥浆中，仅留下一条通往地表的呼吸通道，以这种方式度过旱期。

学者们仍在怀疑，这一时期的动物能否单凭自己成功在陆地上立足，因为只有植物才有能力使恶劣的陆地环境得到改

表 1–1　地质年代表

代	纪（万年前）	山脉	火山	冰山	海洋	生命的演化
始生代	300000 ±	目前已知最早的山脉劳伦山脉（美国明尼苏达州和加拿大安大略省，仅根部留存），约 26 亿年前 目前已知最早的沉积岩和火山岩，在热量和压力的作用下发生了很大改变，年代不明	—	—	—	最早的生命（据推测）
元古代	300000 ±—60000	北美洲东部的格伦维尔山（仅根部留存），约 10 亿年前 佩诺克山脉（美国明尼苏达州和加拿大安大略省），之前被称为基拉尼山脉，约 17 亿年前	—	已知最早的冰期	—	无脊椎动物崛起（据推测）

续表

代	纪（万年前）	山脉	火山	冰山	海洋	生命的演化
古生代	寒武纪 60000—50000	—	—	—	海洋前进又撤退，一度覆盖几乎整个美国	第一个清晰的化石记录 所有主要的无脊椎动物类群都已形成
	奥陶纪 50000—44000	—	—	—	北美洲已知最大规模的下沉——陆地的一半以上被海水覆盖	已知最早的脊椎动物 头足类动物在海洋中比较常见
	志留纪 44000—40000	加里东山地（大不列颠、斯堪的纳维亚、格陵兰——仅根部留存）	美国缅因州和加拿大新不伦瑞克省火山	—	被海洋反复入侵陆地 美国东部的盐床形成	陆地上最早的生命
	泥盆纪 40000—35000	阿帕拉契山脉北部（这个区域再未被海洋覆盖）	—	—	—	鱼类主导海洋 最早的两栖动物化石
	石炭纪 35000—27000	—	—	—	美国中部最后一次被海洋覆盖 大煤床形成	两栖动物快速进化 第一批昆虫 造煤植物
	二叠纪 27000—22500	新英格兰南部的阿帕拉契山脉	火山喷发形成了印度德干高原	印度、非洲、澳洲和北美洲的冰山	美国西部成为辽阔海洋 世界上最大的盐沉积物在德国形成	原始爬行动物、两栖动物减少 最早的苏铁属植物和松柏科植物

续表

代	纪（万年前）	山脉	火山	冰山	海洋	生命的演化
中生代	三叠纪 22500—18000	—	北美西部和新英格兰的多座火山	—	—	第一批恐龙 一些爬行动物回到海洋 小型原始哺乳动物
	侏罗纪 18000—13500	内华达山脉	—	—	海洋最后一次入侵加利福尼亚州和俄勒冈州东部	第一批鸟类
	白垩纪 13500—7000	落基山脉、巴拿马山脊的安第斯山脉，间接结果——墨西哥湾流	—	—	欧洲的大部分区域和北美洲一半左右的区域被淹没 英格兰的白垩断崖形成	最后的恐龙，会飞的爬行动物 爬行动物主导陆地
新生代	第三纪 7000—100	阿尔卑斯山脉、喜马拉雅山脉、亚平宁山脉、比利牛斯山脉、高加索山脉	美国西部剧烈的火山活动形成哥伦比亚高原（20 万平方米熔岩） 维苏威火山和埃特纳火山开始喷发	—	陆地大面积沉入水下 第三纪石灰岩形成——后来被用来建造金字塔	除人类以外的高等哺乳动物和最高等的植物
	更新世 100—0	美国西部的海岸山脉，这个地质运动可能尚未结束	—	更新世冰川作用——北美洲和欧洲北部的大面积冰盖	冰川导致海平面波动	人类、现代植物和动物崛起

善。植物能将破碎的岩石变成土壤，固定土壤，防止它被雨水冲走，一点一点地软化裸露的岩石，征服这片死气沉沉的荒漠。我们对第一批陆地植物所知甚少，但是它们肯定与一些大型海草密切相关，这些海草学会了如何在沿海浅滩中生活，并进化出强有力的茎和根状附着物来抵御海浪的拉扯。在一些被周期性淹没的沿海低地，或许有的海草即使离开海水，也能生存下来。这似乎也发生在志留纪时期。

在造山运动中隆起的山脉被逐渐剥蚀，在雨水的冲刷下，山峰上的沉积物顺水而下，沉积在低地，大片陆地被压实并下沉。海洋盆地中的海水越来越多，最后漫上陆地。生物在阳光充足的浅海生活得很好，欣欣向荣。但是后来海水又退回到更深的盆地，许多生物都搁浅在内陆的浅海湾中。其中一些动物找到了在陆地上生存的方法。那时的湖泊、河岸以及沿海湿地都是动植物的试验场，不能适应新环境就会被淘汰。

随着陆地隆起和海洋撤退，陆地上出现了一种奇怪的类鱼生物，经过数千年的演变，它的鳍变成了腿，鳃进化成了肺。在泥盆纪的砂岩中，最早的两栖动物留下了它的足迹。

生命之流在陆地和海洋上流淌。新的生命形式不断涌现，一些原有的生物数量下降并逐渐消失。陆地上进化出了苔藓植物、蕨类植物和种子植物。巨大可怖的爬行动物一度称霸地球。鸟类学会了在如海洋般的空气中飞行和生活。最原始的小型哺乳动物似乎是害怕爬行动物，悄悄潜藏在地球狭窄的缝隙中。

7

那些上岸并在陆地上生活的动物身上都留下了海洋的印记，并代代相传。即使在今天，这种印记仍然是连接每一种陆地动物与其海洋起源的纽带。无论是鱼类、两栖动物、爬行动物，还是恒温的鸟类和哺乳动物，血管中流出的血液都带有和海水一样的咸味，其中钠、钾和钙元素的比例与海水的大致相同。这个遗传特征可以追溯到数百万年前的某一天，一位远古祖先从单细胞阶段进化到多细胞阶段，进化出一个流淌着海水的循环系统。同样，我们石灰质地的坚硬骨骼也是传承自寒武纪时期钙质丰富的海水。甚至我们身体中每一个细胞中流动的原生质的化学结构，都是古代海洋中产生的第一批简单生命形式的印记。正如生命发源于海洋，我们每个人的生命也都是在母亲子宫的微型海洋中开始的，并在胚胎发育的阶段重复着种族进化的历程——从靠鳃呼吸的水生生物发展为陆地生物。

一些陆地生物后来又返回了海洋。在陆地上生活了约

5000 万年以后，一些爬行动物在大约 1.8 亿年前的三叠纪时期又进入了海洋。这些生物体型巨大，令人望之生畏。有些长着桨状的四肢，可以在水中划行；有些有脚蹼和蛇形长脖子。这些长相奇特的怪物在数百万年前就消失了，但是每当我们遇到一只外壳布满藤壶（足以证明它是海洋生物）、在大海中游行数英里的大海龟时，就会想起它们。很久以后，大概不超过 5000 万年前，一些哺乳动物也抛弃了陆地重返海洋。它们的后代演化为今天的海狮、海豹、海象和鲸。

有一类陆地哺乳动物选择在树上生活。它们的手经过非比寻常的进化，可以熟练地操纵和检查物体，伴随着这种技能而来的是优越的脑力，弥补了这些体型相对较小的哺乳动物在力量上的不足。最后，可能是在亚洲广阔内陆的某个地方，它们从树上下来，重新回到了陆地生活。数百万年后，它们进化为具有大脑和灵魂的人类。

最终，人类也找到了重返海洋的途径。站在海边时，人类一定曾经用好奇和疑惑的目光打量过海洋，不由自主地认可自己的血统。人类不能像海豹和鲸一样从身体层面重新回到海洋。但是几个世纪以来，人类凭借技能、创造力和思维推理能力，一直试图探索并研究海洋，包括海洋最遥远的部分，希望能从思想和想象层面重新回到海洋。

人类建造了船只来探索海洋表面，后来又找到了潜水的办法，随身携带空气下沉到浅海底床，因为人类在陆地上生活太久，早已不适应水生生活，需要呼吸空气。人类对无法进入的深海着迷，想方设法探寻它的深度：撒下渔网捕获海洋生物，发明了机械眼睛和耳朵重新感知那个久违的世界。在潜意识的最深处，人类从未完全忘记过这个世界。

但人类只是按照自己的定义重新回到了海洋母亲的怀抱。人类既不能控制海洋，也无法改变海洋，即使人类出现不久后就已经征服并掠夺了陆地。在城镇等人造世界中，人类经常忘记地球的真实本质和它悠久的历史，人类的存在对于地球而言不过占据了片刻光阴。在漫长的远洋航行中，人类对这一切的感知最为清晰，日复一日地凝视着不断撤退的地平线和起伏的海浪；夜幕降临后，又从头顶的星空得知地球自转的奥秘；或者独自身处这个水天一色的世界，感受地球在宇宙中的孤独。后来，人类得知了一个在陆地上认识不到的真相，那就是这个世界其实是一个水世界，地球是一颗被海洋主宰的星球，而各块大陆不过是短暂出现在海面上的不速之客。

第二章　表层海水

无人知晓海洋的甜蜜奥秘，

它温柔地轻颤，似乎在呢喃着海中深藏的灵魂。

——赫尔曼·梅尔维尔[①]（Herman Melville）

在海洋中，拥有最多繁盛生命的莫过于海面。从船的甲板上向下望，你可以连续几小时欣赏水母闪闪发光的圆盘，它们的身体有节奏地律动，布满整个海面。或许某一天清晨，你注意到自己正穿过一片砖红色的海洋，那是被数十亿个含有橙色色素颗粒的微小生物染成的；正午时分，你还在这片红色的海洋中穿行；当夜幕降临时，这些不计其数的微小生物发出磷光，使整个海面闪耀着奇异的光芒。

当你的目光越过栏杆再次俯瞰时，你会看到澄碧的海水中突然游过一群手指长的银色小鱼，其数量，其生命的强韧，都让人惊叹不已。它们风驰电掣，不顾一切地逃向海洋的更深

① 赫尔曼·梅尔维尔（1819—1891），美国小说家、散文家和诗人。其小说《白鲸》被认为是美国最伟大的小说之一。——编者注

处，身体在阳光的照射下闪耀着金属的光芒。你可能从未见过海洋生物的捕猎者，但是当你看到海鸥在上空盘旋，发出急迫的叫声，等待小鱼被驱赶到海面时，你会感觉到它们的存在。

又或者，你已经连续航行了数日，却还没有见到任何生命的迹象，日复一日，入目皆是空空如也的海面和空荡荡的天空，你可能会理所当然地认为，地球上最贫瘠的不毛之地非海洋莫属。但是如果你有机会向看似无生命的水中投下细网，并仔细检查打捞上来的东西，你会发现，海面上到处都散落着细尘一样的生命。一杯海水中就可能含有数以百万计的硅藻，这种微小的植物细胞太小，无法被人眼观察到；或者这杯水中可能充满了无数动物，大小不超过一粒微尘，靠着比它们还小的植物细胞生存。

1

如果你有机会凑近观察夜晚的海面，你会意识到，海洋的表层水体里生活着无数白天无法见到的奇特生物。这里有提着灯笼的小虾，日间它们会躲在幽暗的深水中，还有饥饿的鱼群和鱿鱼的暗影。它们曾经罕为人知，直至 1947 年挪威民族学家托尔·海尔达尔（Thor Heyerdahl）在一次不寻常的旅程中发现了它们的倩影。那个夏天，海尔达尔和 5 名同伴乘坐木筏，在太平洋上漂流 4300 英里，以验证一个理论——波利尼西亚原住民的祖先是乘坐木筏从南美洲远渡重洋而来的。海尔达尔一行人在海上生活了将近 101 个昼夜，顺着信风和赤道流一路西行。他们像真正的海洋生物一样在海上生活数周，因而拥有了难得的近距离观察表层海水中生物的机会。我曾询问海尔达尔对这次旅程的印象，尤其是对夜晚海洋的印象，他这样回复：

主要是在晚上，偶尔在白天也能看到，一群小鱿鱼像飞鱼一样跃出海面，乘着风滑翔到海面上 6 英尺[①] 高，直到耗尽在水下积聚的冲力，才无奈地下落。它们在滑翔时张开鳍和腕，远看就像是一群小飞鱼。这时我们还没意识到自己遇见了不寻常的事物，直到一条活鱿鱼朝着我们中的一个人飞过来，啪地掉落到甲板上。几乎每天晚上，我们都能在甲板或竹制的舱顶发现一两条鱿鱼。

在我的印象里，海洋生物一般白天潜入海的深处，夜晚来到海面。夜色越深，我们能看到的海洋生物就越多。我们曾两次见到一种蛇鲭（*Gempylus*）从水中跳出来，正好落在木筏

---

① 英制单位，1英尺=0.3048米。——编者注

上（有一次恰好落入竹舱中）。在此之前，人们只在南美洲和科隆群岛（加拉帕戈斯群岛）海岸发现过这种鱼的骨架。根据它那巨大的眼睛和此前人们从未见过它这一事实，我倾向于认为它是一种只在夜晚才浮出海面的深海鱼[①]。

在漆黑的夜晚，我们看到很多不认识的海洋生物，似乎都是只在夜晚才会接近海面的深海鱼。通常，我们看见的是它们发出微弱磷光的身体，大小和形状与餐盘类似。但是不止一个晚上，我们见到过3条形状不规则且不断变化的庞然大物，似乎比我们的木筏（康提基号，尺寸约为45英尺 ×18英尺）还要大。除这些庞然大物以外，我们偶尔还能观察到大量散发着磷光的浮游生物，通常包括1毫米大小或更大的发光桡足类生物。

2

这些海洋表层水体，通过一系列环环相扣的微妙联系，将海洋各处的生命联系在一起。生活在阳光普照的上层海水中的硅藻，会影响到在100英寻以下某个岩石峡谷边缘处栖息的

① 深海鱼的特征为口大、眼大。后经证实，蛇鲭的确分布在全世界的热带至温带的深水海域中。——编者注

鳕鱼，或者海洋浅滩上密布的颜色艳丽、长有华丽羽状触须的海蠕虫，或者在 1 英里深处漆黑海底的软泥里爬行的对虾。

海洋中微小植物（尤以硅藻为最重要）的活动，使海洋动物可以利用海水中丰富的矿物质。海洋原生动物，多种甲壳类动物，以及螃蟹、藤壶、海洋蠕虫和鱼类的幼体都直接以硅藻和其他微小单细胞藻类为食。成群的小型食肉动物是肉食者链条的第一环，流连于平和的食草动物之间。这些小型食肉动物包括半英尺长的凶猛海龙，长着尖下颚的箭虫，具备贪婪触手、类似醋栗的栉水母，以及用带有刚毛的附肢从水中过滤食物的磷虾。它们随着洋流漂流，四海为家，无力也无意对抗海洋，这些奇怪的生物和它们赖以为食的海洋植物一同被称为“浮游生物”。

浮游生物位于海洋食物链最底端；在它之上是以浮游生物为食的鱼类，比如鲱鱼和鲭鱼；接着是以鱼类为食的鱼类，比如蓝鱼、金枪鱼和鲨鱼；然后是同样以鱼类为食的深海鱿鱼；再后面是大型鲸。根据鲸的品种而非体型，它们可能分别以鱼类、虾，或者一些小型浮游生物为食。

3

虽然海洋表面既没有标记也没有痕迹，但海面其实被明确地划分为不同的区域，表层海水的分布影响了生命的分布。鱼类和浮游生物、鲸和鱿鱼、鸟类和海龟，都与水体条件有着牢不可破的联系，比如暖水或冷水、清水或浑水、富含磷酸盐或者硅酸盐的水。对于在食物链中较高层次的动物来说，这种联系不那么直接，它们会倾向于出现在食物丰富的水域；而它们的捕食对象会出现在那片水域，是因为水体条件适宜生存。

不同水域之间的变化有时可能很突然。也许当船只在夜间越过一条无形的分界线时，这种变化就悄无声息地发生了。查尔斯·达尔文乘坐的小猎犬号在沿着南美洲海岸航行时，一夜之间就从热带海域来到凉爽的南部水域。船只周围出现了无数海豹和企鹅的领地，嘈杂喧嚣，让当值的船长误以为自己估算失误，船只已靠岸，外面传来的是牛叫声。

对于人类的感官来说，表层海水最明显的形态变化在于颜色不同。远离陆地的海洋的水体是湛蓝色的，是空虚和荒芜的颜色；而近岸海域的水体是深深浅浅的绿色，是生命的颜色。海洋之所以呈现蓝色，是因为海洋中的水分子或者微小的悬浮颗粒将阳光反射回人眼。在光线向深海传播的过程中，光谱上所有的红光和大部分的黄光都被吸收了，所以返回人眼的主要是蓝光。有大量浮游生物存在的水体不再如玻璃般透明，这些生物使光线无法向深处传播。近岸海域呈现的黄色、棕色和绿色色调，源于海水中丰富的微小藻类和其他微生物。在某些季节，海水中大量出现含红色或者棕色色素的生物，可能会导致赤潮现象。历史上，这种现象在世界上许多地方都出现过，在某些内海尤其普遍，红海便是因此而得名。

海水的颜色只能间接说明表层海水是否含有支持生命的必需条件，其他无法肉眼分辨的特征，才是决定着海洋生物分布的主要因素，因为海洋绝不是均匀分布的溶液，有的区域更“咸”，有的区域更温暖或更寒冷。

世界上最“咸”的海是红海，它的水分在烈日和酷热高温的作用下快速蒸发，使其海水盐度达到了 4%。马尾藻海所在区域的气温较高，由于距离陆地过于遥远，没有河水或者冰川融水流入，因此成为大西洋中最“咸”的海域，而大西洋又是地球上最“咸”的大洋。正如人们所料，极地海域的海水盐度最低，因为不断被雨水、雪水和融化的冰川水稀释。美国大西洋沿岸的海水盐度不一，科德角地区为 3.3%，而佛罗里达州为 3.6%，连游泳者也能轻易地感知其差异。

4

海洋温度从极地海域的 –2℃左右到波斯湾地区海域的 36℃不等，后者是世界上最热的海域之一。由于海洋生物的温度一般需与周围水体的温度相匹配（除了极少数例外），而水体温度波动太大，所以温度的变化或许是决定海洋动物分布的最重要条件。

美丽的珊瑚礁确凿地证明了不同类别生物的栖息地可能是依据温度来定的。如果你拿起一张世界地图，在北纬 30° 和南纬 30° 各画一条线，就能大致勾勒出目前珊瑚礁生活的水域。虽然人们也曾经在北极海域中发现过古珊瑚礁遗迹，但这只能说明在过去某段时期内，这些北部海域曾经属于热带气候。因为只有在温度至少为 21℃的温暖海水中，珊瑚礁的钙质结构才能形成。珊瑚礁生活的区域还得向北延伸到北纬 32° 的百慕大地区，那里的墨西哥湾流带来了适宜珊瑚生存的温暖水流。另外，我们还得抹去南美洲和非洲西海岸的大片区域，那里从深处上升的寒流会阻碍珊瑚的生长。美国佛罗里达州东海岸的大部分地区没有珊瑚礁分布，因为在该海岸和墨西哥湾流之间有一股凉爽的近岸寒流穿过，向南流动。

从热带到极地海域，海洋生物的种类和数量有很大的差异。温暖的热带气候会加快生物生长和繁殖的速度，寒冷海域中的生物成熟所需的时间，可以使热带海域中的生物繁殖数代。热带海域在同一时间内发生基因突变的机会更多，也就造就了五花八门、种类繁多的热带生物。不过，不管是哪一种生物，种群数量都远远少于寒冷海域，因为寒冷海域水体中的矿物质含量更丰富，而且热带海域也没有密集的表面浮游生物群，比如北极地区的桡足类动物。与寒冷海域相比，热带海域里浮游生物分布的范围要更深一些，能够供应给大型海面捕食者的食物更少，因此热带地区海鸥、管鼻藿、海雀、鲸鸟、信天翁等海鸟的数量远远比不上北极或者南极地区的渔场。

在极地海域中的冷水里，只有极少数动物种群有独立游动的幼体。动物们世代生活在上一辈附近，以至于大片海底被少数几种动物所占据。在巴伦支海，一艘科考船曾一次性捕捞到 1 吨多硅质海绵，而斯匹次卑尔根（Spitsbergen）岛的东海岸则分布着大量单一种类的环节动物。寒冷海域的表层水体中密布着桡足类生物和游动的腹足类生物，吸引了大量鲱鱼和鲭鱼，成群的海鸟、鲸和海豹。

热带海域中的海洋生物热烈奔放，鲜活生动，种类繁多。而寒冷海域中的海洋生物则因为水体冰冷而生长缓慢，但海水中丰富的矿物质（主要是海水季节性对流混合的结果）使其得以大量繁衍。

多年以来，人们一直坚信，较寒冷的温带和极地海域的繁殖率远高于热带海域。现在人们清楚地认识到，这一说法也有例外。某些热带和亚热带海域的生物丰富程度不亚于大浅滩

（Grand Banks）、巴伦支海或者南极捕鲸场。或许最典型的例子是流经南美洲西海岸的秘鲁寒流（Peru Current）和流经非洲西海岸的本格拉寒流（Benguela Current），它们都是来自深海的上升流，携带丰富的矿物质，提供了维持所流经地的海洋食物链所需的营养元素。

5

在两股洋流交汇的地方，尤其如果两者温度或盐度截然不同，会形成一个动荡翻腾的区域，海水下沉或是从深处上涌，海面上出现快速移动的漩涡和泡沫线。这里的海洋生物种类和数量异常丰富。当 S.C. 布鲁克斯（S.C.Brooks）的船穿过太平洋和大西洋的洋流路径航行时，他有幸见证了海洋生物的变化，并生动详细地记录下来：

（船行驶）到赤道附近，分散的积云越来越浓厚，海面上涌浪翻腾，时而暴风骤雨，时而云消雨霁。鸟类出现了，一开始是成群的叉尾风暴海燕，其中夹杂着其他种类的海燕，它们忙着觅食，对这艘船视而不见，间或有几小群热带鸟类，在船的一侧或上方飞行。后来又零散出现了几群各色海燕。最终，一两小时过后，四面八方都是飞鸟。如果这时你距离陆地不太远，或者仅有几百英里远，就像马克萨斯（Marquesas）群岛以北的南赤道流到陆地的距离一样，你就有机会看到大量的黑燕鸥或者冠燕鸥。偶尔还能看到一条灰蓝色的鲨鱼伴着船滑行，或者一条紫褐色的槌头鲨懒洋洋地绕着船旋转，似乎想找个更好的角度仔细观察这条船。飞鱼与我们的距离不如鸟类那样近，每隔几秒就会跳出水面一次。它们大小不一，形状各异，动作滑稽，身上的图案五花八门，颜色也有深棕、蓝色、黄色和紫色，令观赏者目不暇接。然后太阳又出来了，海洋又恢复了深沉的热带蓝，鸟儿也越来越少。随着船的前进，海洋又恢复了它“荒凉”的一面。

如果在白天，同样的场景可能会以同样引人注目的方式上演两次，甚至三四次。人们很快查明，这意味着船正通过某个洋流的边缘。

在北大西洋航道上，同样的剧情再次上演，只不过变换了角色。墨西哥湾流和它的延续——北大西洋流和北冰洋海流取代了赤道流；迷雾取代了汹涌海浪和狂风暴雨；贼鸥取代了热带鸟类；不同种类的海燕，成群结队地飞来飞去……在这里可能看见鲨鱼的机会比较少，而海豚则更加常见，它们在船头破浪处你追我赶，或者成群结队，执拗且匆忙地朝着某个未知的目标进发。小虎鲸的身体闪耀着黑白相间的光芒，远处徜徉的鲸突然喷出水柱，这些生物都给水域带来了生机。动作滑稽的飞鱼也是如此，尽管它们远离了传统的热带家园……你可能先穿过墨西哥湾流的蓝色海域，那里漂浮着马尾藻（马尾藻属）和色彩斑斓的僧帽水母；接着进入北冰洋海流的灰绿色海域，那里点缀着上千只水母；几小时后再返回墨西哥湾流。每一次经过洋流的边缘，你都能看到海面孕育的丰富生命，它们使大浅滩成为世界上最著名的几大渔场之一。

6

洋流横扫海洋盆地，包围了海洋中部区域，这些区域通常是海洋中的生物荒漠，鸟类罕至，也少见来海面觅食的鱼类，表层水体中也几乎没有可以吸引这些动物的浮游生物。这些海域的生物主要生活在深海中。马尾藻海是一个例外，与其他海洋盆地的反气旋中心不同，它是地球上独一无二的存在，甚至被认定为一个明确的地理区域。从切萨皮克湾（Chesapeake Bay）口画一条线到直布罗陀，就是它的北部边界；再从海地画一条线到达喀尔（Dakar），就是它的南部边界。它环绕百慕大，横跨一半以上的大西洋，面积几乎与美国一般大。马尾藻海是大型帆船的噩梦，洋流环绕着这片海域，为它带来数百万吨漂浮的马尾藻，以及在马尾藻中生活的奇奇怪怪的动物，“藻海”之名便是由此而来。

风遗忘了它，周围的强大水流也只是像河流一样环绕它，而并未打扰它，天空常常万里无云，水体温暖，含盐量极高。这个区域远离沿海河流和极地冰层，也没有淡水流入稀释盐分，只有邻近的洋流，特别是从美洲向欧洲流淌的墨西哥湾流或者北大西洋流给它注入海水，带来了长年累月漂浮在墨西哥湾流中的动植物。

马尾藻属是褐藻门的一属。它们大量附着在巴哈马群岛、安的列斯群岛和佛罗里达州海岸附近露出的珊瑚礁或者岩石上。暴风雨来临后，特别是在飓风季节，很多附着在海岸上的马尾藻被撕碎，随着墨西哥湾流向北漂流。很多栖息在马尾藻中的小鱼、小蟹、小虾和各种海洋生物的幼体，便身不由己地随之迁移。

这些海洋动物搭乘马尾藻的顺风车，踏上了一场奇幻之旅。它们原本生活在海洋的边缘，在海面以下几英尺或者几英寻的地方，从不会距离海底太远。它们知晓波浪和潮汐的律动，可以随意离开马尾藻的庇护，到海底爬行或者游泳觅食。现在，它们却位于海洋中央，身处一个全新的世界。海底位于它们下方两三英里处。不善于游泳的生物必须紧紧抓住马尾藻，马尾藻现在就是救生筏，是深渊之上的庇护所。迁徙到这里后，经过漫长岁月，一些物种自身或其卵进化出特殊的附着器官，使其不至于沉入身下遥远、冰冷且黑暗的深海中。飞鱼会在马尾藻上筑巢产卵，这些巢看起来与马尾藻的浆果状气囊十分相像。

事实上，马尾藻丛中的许多小海洋动物似乎都非常擅长伪装，把自己隐藏起来，躲避其他生物。海蛞蝓是一种无壳的海螺，身体呈棕色，柔软不定型，体表遍布边缘颜色较深的圆点，体侧缀有薄膜状物，皮肤呈褶皱状。当它在马尾藻上匍匐爬行觅食的时候，与马尾藻浑然一体，难以辨别。裸躄鱼（*Pterophryne*）是马尾藻丛里最凶猛的食肉动物之一，它忠实地复制了马尾藻的分枝叶、金色的气囊、深棕的体色，甚至是呈薄壳状的巢管上的白点。所有这些精妙的拟态都暗示着马尾藻丛内激烈的搏杀，弱者或粗心者得不到丝毫的慈悲和怜悯。

7

在海洋科学领域，关于马尾藻海中漂浮马尾藻的起源，学者们长期争议不休。一些人认为其源于不断从沿海海床上撕扯下来的马尾藻。其他人则认为，巴哈马群岛、安的列斯群岛和佛罗里达州有限的马尾藻场不足以为如此广阔的马尾藻海提供足量马尾藻，马尾藻海中的马尾藻是可以自我延续的植物，已经适应了远海中的生活，不需要根系或者附着器，并且能够无性繁殖。以上两种说法都有道理。每年都会有少量新的马尾藻来到这里，而且它们寿命很长，一旦到达大西洋这个安静的中心区域，就会逐渐生长，覆盖大面积的海域。

从巴哈马群岛、安的列斯群岛海岸撕扯下来的马尾藻，需要半年才能到达马尾藻海的北部边缘，接下来或许还需要几年才能到达这片海域的内部。在这段时间里，有些马尾藻会被风暴席卷到北美洲海岸，另一些则在从新英格兰地区近海穿越大西洋时，在墨西哥湾流与北极水域交界处死于低温。那些顺利抵达平静的马尾藻海的马尾藻就等于获得了不死之身。美国自然历史博物馆的 A. E. 帕尔（A. E. Parr）近期提出，根据种类不同，有的马尾藻可以存活数十年，另一些则可以存活数百年。如果你现在来到这个地方，你可能会看到哥伦布和他的手下曾经看到过的马尾藻。在这里，在大西洋的中心地带，马尾藻无休止地漂流、生长，通过断裂无性繁殖。显然，基本上只有当马尾藻漂流到马尾藻海边缘，或者被向外流动的洋流卷走时，它才会面临死亡。

每年来自遥远海岸的马尾藻会平衡这些损失。积累这么多的马尾藻（据帕尔估计，大约有 1000 万吨）肯定要耗费极为漫长的时间。不过，这些马尾藻分布的海域太广，以至于大部分的马尾藻海都是开阔的水域。等待着诱捕过往船只的茂密马尾藻只存在于水手的想象中，而注定要在马尾藻丛中无休止漂流的幽灵船也只是传说。

第三章　岁月变幻

光阴荏苒，四季更替。

——弥尔顿

整体上，海洋浩渺无垠，恒久不变，昼夜交替、季节轮转和岁月流逝对它毫无影响。而海面却完全不同。海洋的面貌一直在变幻，它色彩斑斓、光影交错，在阳光下闪耀光芒，在薄暮中彰显神秘，它的面容与情绪无时无刻不在变。随着潮汐涨落，随着海风拂动，随着滔滔白浪，表层海水总在起起落落。最重要的是，它们会随着季节的更迭而改变。春天，北温带陆地涌起新的生命浪潮，绿芽萌动，花蕾绽放，向北迁徙的候鸟，透露春天所有的神秘与意义，蛙鸣响彻湿润大地，慵懒的两栖动物缓缓苏醒，风儿变换着不同的旋律，拂动枝头的嫩叶。谁能想到就在一个月前，这些光秃秃的枝条还在风中吱呀作响呢？当然这些都是陆地上的春色，你或许会认为，大海感受不到春天来临的脚步。非也。敏锐的眼睛不会错过海洋上的种种春的迹象，大地万物复苏之际，海洋也被唤醒。

与陆地一样，海洋也将春天当作生命更新的契机。在温带漫长的冬季里，表层海水一直在吸收寒气。当春天来临后，这些较重的冷水开始下滑，沉入温水下方。大力搅动之下，温暖的底层水将丰富的矿物质带到海面，供新生命摄取。这些矿物质原本沉积在大陆架底部，其中有些来自陆地河流，有些来自死亡后慢慢沉降到海底的海洋生物遗骸，有些来自硅藻的外壳、放射虫体内流动的原生质或者翼族类动物透明的身体组织。海洋讲究物尽其用，海洋中的每种物质分子都被一轮又一轮地利用，被一种又一种生物利用。

1

正如陆地植物依赖土壤中的矿物质生长一样，所有海洋植物都需要海水中的营养盐或者矿物质的滋养，即使最微小的海洋植物也不例外。例如，硅藻需要二氧化硅来形成脆弱的外壳。对于硅藻和其他所有微型植物而言，磷是一种不可或缺的矿物质。但有些元素含量有限，冬季更是匮乏，无法满足植物生长最低需求。这使得硅藻种群必须使尽浑身解数才能度过严冬。在生死存亡、毫无繁殖机会的当口，硅藻必须形成坚韧的具有保护功能的孢子来抵御严冬，保存生命火种，进入休眠状态，抑制自身除基本生存所需之外的其他需求。就这样，硅藻在冬天的海洋中韬光养晦，就像冰封大地时地里的麦种，悄悄为春天的生长积蓄力量。

当海洋焕发春日生机，各色条件齐备——休眠植物的“种子”、滋养生命的化学物质和春天的暖阳——海洋中结构最简单的植物就会突然苏醒，以惊人的速度开始繁殖，以近乎天文数字的规模增长。在初春时期，硅藻和其他微小浮游植物一度称霸海洋。它们蓬勃生长，用自身细胞编织了一层“生命之毯”，绵延数英里海面。整个海面都被这无数细胞中含有的微量色素浸染成红色、棕色或绿色。

不过，这些植物作为海洋的统治者仅是昙花一现。就在这些植物加速繁殖的同时，小型浮游动物的数量也在飞速增长。春天是桡足类、箭虫、浮游虾类和有翼海螺等动物的繁殖期。春天之前，这些饥肠辘辘的小型浮游动物，成群结队地在海水中畅游，以丰富的植物为食，同时也被更大型的生物捕食。而今春天来临，表层海水变成一个巨大的温床。许多海底动物的卵或幼体离开深海下大陆边缘的高山和低谷，离开四处分布的浅滩和堤岸，来到海面。虽然它们在成年后最终还是会回归海底定居，但在生命的最初几周，它们自由游弋在海水表层，捕食浮游生物。随着春意日盛，每天都有一批批鱼类、螃蟹、贻贝和管虫的新生幼体浮上海面，与长居海面的一般浮游生物共度一段时光。

随着食草动物大快朵颐，硅藻的数量越来越少，其他微小的海洋植物也在劫难逃。不过，仍然不时会有某种植物出现短暂暴发，它的细胞突然大量分裂增殖，一时制霸整个海洋。因此，每年春天总会有一段时间，海水中布满褐色果冻状的棕囊藻（*Phaeocystis*），它黏稠恶臭，连鲱鱼都避得远远的，渔民撒下的渔网沾满褐色黏液，却捕不到一条鱼。好在没等满月变成新月，它的繁殖期就过去了，海水又恢复了往日的清澈。

春天的海洋里，洄游的鱼随处可见。在过去的数月或数年里，这些鱼儿们快乐地在广阔的海洋中觅食。而今，它们回到出生地的河流。鱼儿们努力地游向入河口，从那里逆流而上产卵，比如从太平洋深海进入哥伦比亚滔滔河水中的春季洄游型帝王鲑，游向切萨皮克湾、哈得孙河、康涅狄格（Connecticut）河的鲥鱼，回归新英格兰地区沿岸数百条溪流的灰西鲱，以及奔赴佩诺布斯科特（Penobscot）河、肯纳贝克（Kennebec）河的鲑鱼。

2

时光不紧不慢地流过，陆续也有其他神秘的生命来来去去。多春鱼聚集在巴伦支海寒冷的深水水域，成群的海燕、管鼻藿和三趾鸥追着它们的身影来到浅滩，伺机捕猎。鳕鱼游弋在罗弗敦群岛附近的海岸，也聚集在爱尔兰的海滨。有些鸟类冬季在整个大西洋或太平洋觅食，而今群集到某些小岛上，准备接下来的繁殖大业。鲸突然出现在成群磷虾繁殖的海岸边的坡岸上，无人知道它们来自哪里，又是循着何种路线而来。

仲夏到来，硅藻越来越少，许多浮游动物和大部分鱼类也完成繁衍，表层海水中的生命随之放慢了节奏。成千上万只海月水母（moon jelly *Aurelia*）聚集在洋流交汇处，蜿蜒海面数英里。它们的苍白身体闪闪发光，即使隐在碧绿的深水中，也能被鸟儿一眼发现。大型红色霞水母（red jellyfish *Cyanea*）从顶针大小长到了雨伞大小，在大海中有节奏地游动，拖着长长的触手。它的伞盖下，或许正有一小批鳕鱼或者黑线鳕的幼崽在随之摇摆。

一些海域的原生动物夜光虫（*Noctiluca*）丰富，成为夏季海面磷光的主要来源，使得夏天的海面常常波光粼粼，水中的鱼类、小鱿鱼或者海豚闪动着烈焰，并笼罩上幽灵般的光辉。另外，一群被称为北方磷虾（*Meganyctiphanes*）的磷光虾也可能使海面出现无数光点闪烁，就像一大群萤火虫在黑暗的林间飞舞。这种磷光虾原本生活在寒冷黑暗的地方，当春去夏来，冰冷的海水从深海涌向海面，它们在海面激起阵阵白色的涟漪。

在北大西洋上空，自早春以来第一次响起了瓣蹼鹬干哑的叫声，这群棕褐色的小鸟，时而盘旋，时而俯冲，时而飞向高空。瓣蹼鹬原本在北极苔原筑巢抚育后代，现在它们中的第一批正在返回大海。它们中的大多数将会继续向南飞，越过广阔无垠的海域，穿过赤道，来到南大西洋。它们会跟在鲸身后，因为凡是有鲸存在的地方，就有成群的浮游生物，那是它们的丰盛大餐所在。

3

夏天接近尾声，在海面或隐秘的绿色深海中，开始有其他动物活动，这预示着秋天即将来临。成群的海狗在雾气笼罩的白令海中游动，穿过阿留申群岛岛屿之间的险峻通道，向南进入开阔的太平洋。它们身后是两座光秃秃的火山灰小岛。此刻它们空空落落，但在夏季的几个月里，这里回荡着数百万只海狗的叫声。东太平洋地区所有的海狗都聚集在这个仅有几平方英里的地方，在裸露岩石和松软的土壤上孕育下一代。如今，所有海狗都离开了，沿着大陆边缘陡峭的水下悬崖向南方游去。这片峭壁的岩质地基陡然消失在深海之中。虽然这里比冬季的北极还要黑暗，但海狗能在这里轻松找到丰富的食物，捕食深水中的鱼类。

秋天为海洋点燃了一片新的磷光，每一道波峰似乎都在燃烧。整个海面到处闪烁着冷光，一群群游鱼如同熔化的金属一样在水中流泻。这种磷光通常是由鞭毛藻类大量繁殖形成的，这些藻类在春天的繁荣之后，在秋季重现辉煌，不过这回为时甚短。

有时，水体闪闪发光并不是件好事。在北美太平洋沿岸，这可能意味着海洋中充满了腰鞭毛藻类中的膝沟藻（*Gonyaulax*），这种微小植物含有奇怪且可怕的毒素。它只要能主宰沿岸四天，附近海域的一些鱼类和贝类就会由于食用有毒的浮游生物而身含毒性。贝类肝脏中积累的膝沟藻毒素会作用于人类的神经系统，效果类似于士的宁。基于这些客观事实，生活在太平洋沿岸的人都知道，在膝沟藻大量生长的夏季或者早秋，不宜食用从开阔海域海岸捕捉的贝类。世世代代生活在此处的印第安人已经明白这个道理。一旦海面上出现红色条纹，夜间的海浪开始闪烁神秘的蓝绿色火焰，部落首领就会下令禁止捕捞贝类，直到这些“警示信号”消失。他们甚至会在海滩上派人看守，警告那些读不懂大海警示信号的内陆人不要捕捉贝类。

但大海中闪烁的光芒，不会对人类构成威胁。在大海上航行的船只，就像是茫茫海天之间的人造观察点。从它的甲板上望去，可以看到这些光芒神秘莫测的特质。人类出于自大的虚荣心，下意识地认为除日月星光外的任何其他光芒都该归因于人类。海岸上的光，海面上移动的光，由人类点亮并控制的其他微弱光芒，都服务于人类思维可以理解的目的。但其实，海上的光芒或明或暗，不为人类而来，也不因人类而去，在没有被人类不安打扰的漫长岁月里，一直遵循自己独有的节奏。

在一个磷光闪烁的夜晚，达尔文站在小猎犬号的甲板上，乘风破浪，向南穿越巴西海岸附近的大西洋。他在日记中这样写道：

海洋在极致光辉的笼罩下呈现出一种绝美的景象。白天看起来满是泡沫的海水，此时处处泛着淡淡的光芒。船破浪前行时，船头翻起两股液态磷光，船尾拖着一条乳白色的水浪。目之所及，每一束海浪的浪峰都是明亮的；荧光的反射光，微微照亮了地平线上方的天空，而天空其余的部分仍是漆黑一片。随着太阳升起，海上的光芒方才渐渐消融。

4

正如秋叶在枯萎凋落前必先换上华丽的外衣，秋天海面上的磷光也宣告着冬天的来临。鞭毛藻和其他微小藻类在生命的短暂绚烂之后，逐渐减少到只剩零落个体；虾类、桡足类、箭虫和栉水母也是如此。海底动物的幼体既已发育成熟，便回到了自己命定的归宿。就连徘徊的鱼群也已经离开了海洋表面，迁徙到了更加温暖的低纬度地区，或者已经在大陆架边缘安静的深水中找到了温暖的栖息之所，它们会在那里进入半冬眠状态，以此度过几个月的寒冬。

此时，海面落入冷冽的寒风之手。狂风掀起巨浪，在浪尖上咆哮，将海水拍打成四溅的泡沫，生命似乎已经彻底远离了这个区域。

对于冬季的海面，英国小说家约瑟夫·康拉德（Joseph Conrad）有过这样的描述：

无边无际的海面一片死灰，风吹皱了波面，大量泡沫随波起伏，就像老人乱蓬蓬的白发，大海在狂风中显得如此苍老、黯淡、阴郁，仿佛它原本就是在毫无光明的时候诞生的。

但即使是这样灰暗凄凉的场景，也不乏希望的象征。我们知道，陆地上冬天的一片萧条只是假象。仔细观察一根光秃秃的树枝，哪怕你看不到一丝绿意，但它的每根枝条上都分布着叶芽，春天的盎然绿色就隐藏在这层层包裹之下。剥下一块粗糙的树皮，你会发现里面蛰伏的昆虫。翻开一片雪地，你会发现等待来年夏天破土而出的蚱蜢卵，还有野草、药草和橡树休眠的种子。

与此类似，冬季海洋的荒凉和绝望也只是一种错觉。到处都有迹象表明，旧的生命周期已经圆满结束，新的生命周期将要开启。在冰冷的冬季海洋中，在刺骨的海水中，蕴含着新春的希望。这些冰冷的海水会在春天来临的几周前变得沉重，猛然向下坠落，引起上下层海水的交替对流，就此拉开春天的大幕。附着在海底岩石上的小型海洋植物正要孕育新生命，没有固定形状的水螅体也将变成新一代水母并浮上海面。懒洋洋的桡足类动物下意识地躲避海面风暴，选择在海底冬眠，通过冬眠前储存的额外脂肪，来维持生命。

在人类看不见的地方，鳕鱼的灰色身影在寒冷的大海中游动到产卵地点，产出玻璃球状的卵，上升到海面。即使在严酷的冬季海洋中，这些卵也将开始快速发育，从一个个原生质体变成一条条有生命的小鱼。

或许最重要的是，表层海水中存在肉眼不可见的微小硅藻孢子，只需要暖阳的轻拂和化学物质的滋养，它们就将重现春天的魔力。

第四章　不见天日的深海

巨鲸潜行，潜行，日夜不停。

——马修·阿诺德[①]（Matthew Arnold）

广阔大海阳光普照的表层海水之下，海底的丘陵和山谷之上，是海洋中最鲜为人知的地方。这些黑暗的深海覆盖了地表大部分，充满着神秘和未解之谜。全世界的海洋大约占据了地表面积的四分之三。即使去掉大陆架与散布各地的海岸和浅滩等浅海区域（这里至少有微弱的阳光抵达海底），仍然有大约一半地球被数英里深、暗无天日的海水覆盖，从地球诞生的那一刻起，就一直被黑暗笼罩。

这个区域神秘难解，人类想尽办法也只能略窥一二。戴上潜水面罩，人类可以在大约 10 英寻深的海底行走。穿着全套潜水服，人们最深可以下潜到大约 500 英尺深处，但穿戴这么沉重的装备，再加上随身携带的氧气瓶，几乎不可能做出什

① 马修·阿诺德（1822—1888），英国诗人、评论家，曾任牛津大学诗学教授。——编者注

么大动作。迄今只有两个人曾经成功下潜到阳光无法穿透的海域。他们就是威廉·彼必（William Beebe）和奥蒂斯·巴顿（Otis Barton）。1934 年，他们乘坐球形潜水装置，下潜到百慕大附近海域 3028 英尺深处。1949 年夏，巴顿独自一人，乘坐被称为"球形深海探测器"的钢球，下潜到加利福尼亚州附近海域 4500 英尺深处。

[1961 年版注：过去 10 年，人类探索海洋最深处的梦想已经成真。经过坚持不懈地努力，借助想象力和工程技术手段进步，人们终于发明出一种潜水艇，它能够承受深海施加的巨大压力，将人类观察者带到几年前似乎还遥不可及的地方。

深海探索的先驱是瑞士物理学家奥古斯特·皮卡德（Auguste Piccard）教授，早前他曾因为乘坐热气球进入平流层而声名大噪。皮卡德提出一种深海探测器的构想，它不像传统的球形潜水装置那样悬挂在缆绳末端，而是可以自由移动，无须其他人在海面上操控。现在已经造出三艘这样的深海潜艇（深海船）。潜艇有一个金属气囊，装有高辛烷值汽油，这是一种极轻、几乎不可压缩的液体。气囊下方悬挂了一个抗压球形装置，观察者们就乘坐在里面。筒仓中装着铁球作为压舱物，铁球被电磁铁固定，当潜水员准备返回水面时，只需按一下按钮，即可释放铁球。第一艘深海潜艇是由比利时国家科学研究基金会提供的，名为 FNRS-2 号（FNRS-1 号是皮卡德教授飞上平流层所使用的热气球，也是该基金会提供的）。FNRS-2 号在无人驾驶潜水测试方面展现了巨大潜力，但也存在一定的缺陷，这些缺陷在后来建造的其他潜水装置中得到了解决。第二艘深海潜艇，FNRS-3 号，是在皮卡德和雅克·库斯托（Jacques Cousteau）的指导下，由比利时与法国政府合作建造的。在它完工前，皮卡德前往意大利开始建造第三艘深海潜艇，命名为蒂里雅斯特号（Trieste）。

FRNS-3 号和蒂里雅斯特号在 20 世纪 50 年代创造了深海下潜的历史纪录，将人类带到海底最深处。1953 年 9 月，皮卡德和儿子雅克（Jacques）乘坐的蒂里雅斯特号下潜到地中海中 10395 英尺深处。这比历史纪录增加了一倍以上。1954 年，两名法国人乔治·豪特（Georges Houot）和皮埃尔－亨利·威廉（Pierre-Henri Willm）在非洲海岸城市达喀尔的外海，乘坐 FNRS-3 号潜入 13287 英尺深处。1958 年，美国海军研究实验室从皮卡德手里收购了蒂里雅斯特号。次年，蒂里雅斯特号被运到马里亚纳海沟附近的关岛，以回声探测技术，证明了其是当时已知的最深的海沟。1960 年 1 月 23 日，雅克和唐·沃尔什（Don Walsh）驾驶的蒂里雅斯特号下降到海沟底部，即海面以下 35800 英尺附近。]

1

虽然只有少数幸运儿有机会造访深海，但通过海洋学家利用精密仪器获取的光线穿透率、压力、盐度和温度数据，我们能够在想象中复原这令人生畏的深海禁区。海面上见得到日夜变换，水面会随每一阵风起伏，被日月引力牵引，随着季节更迭而变化。但深海不同，深海的变化速度非常缓慢，甚至几乎毫无变化。由于阳光照射不进来，这里没有光明和黑暗的交替，只有亘古无尽的暗夜。生活在这里的大多数海洋生物只能在一片漆黑中摸索方向。这里的食物稀缺难寻，忍饥挨饿是常事。这里无处藏身，找不到避难点来躲避敌人无休止的追捕，生物只能在无尽的黑暗中不停游动，一生都被限制在特定的海域。

2

过去人类一直以为，深海是生命的禁区。由于没有反证，大家理所当然地接受了这种说法，毕竟谁能想到，这样的地方也会有生命存在呢?

100年前，英国生物学家爱德华·福布斯（Edward Forbes）

写道："随着我们越来越深入这个区域，生物变得越来越奇特，也越来越稀少，这表明我们已经到达了海洋的深处，一个生命绝迹，或者只能勉强生存的地方。"尽管如此，福布斯仍呼吁人类进一步探索"这片广阔的深海区域"，以便彻底揭开深海生命是否存在的谜底。

即使在当时，新的证据也层出不穷。1818 年，约翰·罗斯（John Ross）爵士探索北极海域时，从 1000 英寻深处取回含有蠕虫的泥浆，"这证明了即使在一片漆黑、承受着 1 英里多深海水产生的巨大压力的海底，仍然有动物生命存在。"

1860 年，测量船斗牛犬号（Bulldog）在勘查待建的从法罗（Faroe）群岛到拉布拉多（Labrador）半岛的北部海底电缆路线后，完成了另一份报告。斗牛犬号测量船的工作人员将探测索下探到 1260 英寻深处的海底某处，停留一段时间后拉上来，发现上面附着了 13 只海星。船上的博物学家写道："深海（通过这些海星）发出了人们长久以来梦寐以求的信息。"但当时，并非所有的动物学家都可以接受这个信息。有些质疑者断言这些海星只不过是在返回海面时"意外抓住"了这条缆索。

同年，地中海地区的一条电缆被从 1200 英寻深处拉起并在陆地上进行维修。人们发现电缆被大量的珊瑚和其他附生动物包裹，这些动物在幼体时就附着在电缆上，经过数月或者数年的时间长大成熟。它们根本不可能是在电缆被拉出海面时偶然缠在电缆上的。

之后，1872 年，第一艘配备了海洋探索装备的科考船——挑战者号（Challenger）从英国出发，环绕全球航行。途中人们在科考船上一次次撒网，从数英里深的海底、铺满红泥的寂静深海和暗无天日的中深度海域，捞起许多奇特的生物，倾倒在甲板上。无数人类从未见过的奇怪生物第一次出现在阳光之下。在仔细观察这些生物之后，挑战者号上的科学家意识到，即使海底最深处也存在生命。

最近人们发现，海面下数百英寻深的大部分海域都分布着不明生物，这是多年来关于海洋的最振奋人心的消息。

在 20 世纪的前 25 年里，船舶利用回声探测法在航行过程中记录海底深度，当时谁也没想到，这项技术会为深海生命研究打开一扇新的大门。操作新型仪器的人员很快发现，从船上向海下定向发送的声波，就像光束一样，在遇到坚固的物体后会被反射回来。来自中等深度海域的回声，可能是因为遇到了鱼群、鲸或者潜艇，在这之后，来自海底的回声才姗姗来迟。

3

到 20 世纪 30 年代后期，上述事实已经为人所熟知，连渔民们也开始考虑使用回声探测仪器寻找鲱鱼群。不久后第二次世界大战爆发，对于回声探测仪器的安全管制变得严格，少有新的研究成果流出。不过到了 1946 年，美国海军发布了一份重要的公告，宣称有几名科学家在加利福尼亚州外海操作声波设备，发现海洋中广泛存在着某种“层”，正是它对声波作出了回应。这个反射层似乎悬浮在太平洋的海面和海底之间，宽达 300 英里，位于海面下 1000~1500 英尺。该发现由美国海军舰艇碧玉号上的三名科学家 C. F. 艾林（C. F. Eyring）、R. J. 克里斯坦森（R. J. Christensen）和 R. W. 莱特（R. W. Raitt）于 1942 年提出，因此人们一度将这种神秘难测的现象称为 ECR 层。1945 年，斯克里普斯海洋研究所的海洋生物学家马丁 · W. 约翰逊（Martin W. Johnson）有了进一步发现，为人们初步了解这个反射层的性质奠定了基础。约翰逊在斯克里普斯号船上工作期间，发现这个反射声波的“层”会有节奏地上下移动，夜间靠近海面，白天停留在深海。这就证明了反射声波的不可能是无生命物体，或海水中的物理不连续面，而是能够控制自身运动的生物。

此后，关于海洋“假海底”的发现层出不穷。随着回声探测仪器的广泛应用，人们发现该现象不只发生在加利福尼亚州附近海岸，而遍及几乎所有的深海盆地。这些“层”白天漂浮在数百英寻的深处，夜晚上升到海面，然后在日出前再次潜入深海。

1947 年，美国海军舰艇亨德森号（Henderson）从圣迭戈前往南极洲，其间，在每天的大部分时间都能检测到反射层的存在，深度从 150~450 英寻不等。后来在从圣迭戈前往日本横须贺市的途中，回声探测仪也每天都能记录到反射层的存在，这表明该反射层几乎横跨整个太平洋。

4

1947 年 7 月和 8 月，美国海军舰艇海神号（Nereus）绘制了从珍珠港到北极的连续水深图，发现除较浅的白令海和楚科奇海外，所有深海海域都有反射层存在。有时一大清早，海神号的水深图上就出现两个反射层，对逐渐被照亮的海水作出不同的回应；两层都往下潜到深水中，但中间相隔了 20 分钟。

虽然人们一直尝试对这一反射层进行取样或拍照，但目前仍未能确定这一层到底是什么，不过谜底或许在哪一天就被揭开了。围绕着它，目前有三个主要理论，各有其拥趸。它们认为，假海底可能是由小型浮游生物、鱼或鱿鱼组成的。

浮游生物理论有一个最有力的论据，即众所周知，许多浮游生物会规律地进行数百英尺的垂直迁徙，它们夜晚浮上海面，清晨沉入阳光隔绝的深海。而这与反射层的现象不谋而合。无论反射层是由什么构成的，显然它非常厌光。整个白天，这一层的生物似乎都躲着太阳走，待到夜晚才匆匆浮上海面。是什么驱使它们离开海面？太阳的魔咒消除之后，又是什么吸引它们回到海面？是为了躲避敌人才隐入相对安全的黑暗中吗？是因为海面附近食物更丰富，才在夜色的掩护下重返海面吗？

鱼类理论的支持者则宣称，反射层的垂直迁移源于鱼类追踪自己的食物——浮游虾类的行为。他们认为，鱼类的鱼鳔结构，是最有可能产生强回声的。但该解释有一个缺陷：没有其他证据表明鱼群普遍存在于海洋中。事实上，目前能获取的所有信息几乎都表明，鱼群密集地生活在食物特别丰富的大陆架或某些特定的开阔海域。如果最终证明反射层真是由鱼类组成的，那么人们关于鱼群分布区域的主流观点，就必须进行大幅改变。

5

认为反射层由成群鱿鱼组成的理论，其支持者最少。支持者认为鱿鱼们徘徊在光亮的海域下方，等待黑暗降临，好回到浮游生物丰富的海面继续猎食。他们认为，鱿鱼数量丰富，分布也十分广泛，因此从赤道到两极，几乎任何地方都能采集到由鱿鱼组成的反射层发出的回声。众所周知，鱿鱼生活在所有开阔的温带和热带海域，是抹香鲸唯一的食物来源，是瓶鼻鲸钟爱的美味，还被大多数齿鲸、海豹和其他海鸟所捕猎。这些事实都证明，鱿鱼的数量一定异常丰富。

的确，曾于夜间在海面附近工作的人，都对黑夜海面上鱿鱼的数量和活力留下了深刻的印象。很久以前，约翰·约尔特（Johan Hjort）曾经写道：

> 一天晚上，我们在法罗群岛的坡上拖着长索渔网打鱼，旁边悬挂了一盏电灯照明。很快，鱿鱼像闪电一样，一条接着一条朝着灯的方向跳跃……1902年10月的一个晚上，我们的船行驶在挪威海岸的外侧，看见连续数英里的海面上，鱿鱼像发光的泡沫一样移动，又像明明灭灭的大型乳白色电灯。

据海尔达尔描述，晚上他的木筏受到了鱿鱼群的“袭击”；理查德·弗莱明（Richard Fleming）说，当他在巴拿马海岸附近进行海洋研究时，经常会看到大群鱿鱼在夜间聚集到海面，朝着人们操作仪器时用到的照明灯光跳跃。但在海面上也能看到同样壮观的虾类，大多数人都难以相信海洋中到处都分布着车载斗量的鱿鱼。

深水摄影照片或许有望揭开假海底的面纱，不过目前还存在技术上的困难。比如，相机是悬挂在由船身垂下的长缆绳末端，当船随海水飘荡时，缆绳也会摆动、扭曲和旋转，如何使相机保持稳定状态便成为一个问题。有时以这种方式拍摄的照片看起来像摄影师将相机对准了星空，边摇晃相机边按快门时所拍出来的。不过，挪威生物学家贡纳·罗尔夫森（Gunnar Rollefson）突发奇想，将深海摄影和测深图联系起来。当时他在罗弗敦群岛附近的约翰·约尔特号研究船上工作，一直收到20~30英寻深处的鱼群反射的声波。于是他把一个构造特殊的相机下沉到声波图上显示的深度。冲洗出来的照片显示出远处移动的鱼群，一条清晰可辨的大鳕鱼出现在光线下，在镜头前来回游动。

想要探究反射层的本质，最合理的方法是对它直接采样，但这需要一个操作便捷的大型渔网，可以捕获快速移动的海洋动物。马萨诸塞州伍兹霍尔海洋研究所的科学家用普通的浮游生物网捕捞该层生物，发现了成群的磷虾、箭虫和其他深水浮游生物。但这一层仍有可能是由以虾类为食的更大型生物组成的，这些生物体型太大，或者行动太敏捷，难以被目前使用的渔网捕获。使用新型渔网可能会揭晓谜底，或者人们也可以考虑使用摄像机。

6

［1961 年版注：直至今天，反射层的谜团仍未被完全揭开。不过，通过巧妙运用各种新技术，反射层的真面目逐渐变得清晰。如今看来，至少在某些区域，比如在新英格兰地区附近的大陆架上，鱼群是其主要组成部分。这一点已经通过使用多频（普通回声探测仪器是单频）声源进行的研究得到了证实。这种研究方法不仅揭示出反射层垂直移动的特质，还发现了反射的声波特征会随水深而变化。对此，最合理的解释便是回声来自鱼鳔，鱼类下潜到深海的过程中，鱼鳔随着压力的增加而缩小，而在上升到海面的过程中则会随着压力的减少而膨胀，故回声也有所不同。之前一种反对声音认为，鱼类的数量不足以形成如此广泛的反射层，但如今新技术带来的新信息已打消了这种反对声音。也曾有人主张，回声越强，反射层的生物聚集得越是密集。现在人们意识到，回声探测仪器记录下来的回声波，并不一定代表反射层中动物的密集度，记录下来的较明显的印记，也许只是由于在某一刻光束扫过某个强反射体所造成的。

20 世纪 50 年代，人们开始日渐频繁地将回声探测仪器与水下摄像机结合起来。如此拍摄到的所有鱼类都伴随着强回声。这并不能排除其他生物和鱼类一起构成反射层的可能性，但它们确实提供了有力的证据，证明鱼类是反射层的重要组成部分。回声现象很可能并非由单一物种所形成，在广阔海洋中随着组成它的物种不同而变化。]

近期有迹象表明，中深海域存在丰富的生命。这些迹象虽然模糊不清，却与那些真正到访过类似海域的目击者的描述一致。彼必曾经在 6 年里向水下投放了数百张网，这使他意识到中深海域生物的丰富多样，但当他乘坐球形潜水装置到达同一区域时，他意识到事实远胜他的想象。他描述说，在超过 0.25 英里深的海下，生物密密匝匝聚集在一起，他说："我从未见过如此厚密的生物。"在海下半英里处，也就是球形潜水装置能够下潜的最深处，他回忆说："灯光所及之处，皆是浮游生物，云雾一般在水下盘旋舞动。"

7

或许在数百万年以前，某些鲸，现在看来还有海豹，早就已经发现深海中有大量动物。我们通过化石残骸得知，所有鲸的祖先都是陆地哺乳动物。从它们强大的下巴和牙齿来判断，它们一定都是捕食性猛兽。可能是在大型河流三角洲或浅海边缘觅食时，它们发现了丰富的鱼类和其他海洋生物。几百年后，它们养成了深入大海捕食的习惯，并逐渐进化出更适合水生生活的身体形态。解剖现代鲸，或许还可以发现退化的后肢，而它们的前肢则演变成控制方向和保持平衡的器官。

仿佛是为了瓜分海洋中的食物资源，鲸自动划分为三类，分别以浮游生物、鱼类和鱿鱼为食。以浮游生物为食的鲸只有存在于大量小虾或桡足类动物出没的地方，才能满足它们的大胃口。这将它们限制在了极地海域和高纬度地区，其他地区只有零散分布。以鱼类为食的鲸可能会在更广阔的范围觅食，但也只分布在鱼群数量巨大的地方，热带和开阔海洋盆地的蓝色海水无法喂饱它们。不过，体型巨大、长着方头和可怕牙齿的抹香鲸，老早就知道了人类刚知道不久的事情——在这些生命罕至的海面以下数百英寻处，存在着丰富的动物。深海就是它们的狩猎场，而猎物就是深海鱿鱼，包括生活在远洋 1500 英尺或者更深处的巨型鱿鱼大王乌贼（*Architeuthis*）。抹香鲸的头上常见有长条纹，其实这是鱿鱼吸盘造成的大量圆形疤痕。根据这些证据，我们可以想象在黑暗的深海中，这两种巨型生物之间纷争不断——抹香鲸的质量达 70 吨，巨型鱿鱼体长 30 英尺，再加上它那蠕动贪婪的触手，总长度可达 50 英尺左右。

人类尚不确定巨型鱿鱼生活的最大深度，但可以从抹香鲸为追捕鱿鱼而下潜的深度中得到启发。1932 年 4 月，巴拿马运河区的巴尔博亚（Balboa）和厄瓜多尔的埃斯梅拉达斯（Esmeraldas）之间的海底电缆断裂，维修船全美号（All America）前往检修，在哥伦比亚外海将电缆拉出海面。工作人员发现，电缆缠绕着一只 45 英尺长的雄性抹香鲸的尸体，不仅缠住它的下巴，还包裹了它的鳍状肢、身体和尾鳍。而电缆本来是被铺设在 3240 英尺的深海。

［1961 年版注：1957 年，拉蒙特地质观测站（Lamont Geological Observatory）的海洋学家布鲁斯·C. 海森（Bruce C. Heezen）出版了一本引人入胜的汇编作品，讲述了 1877 年至 1955 年 14 起鲸被海底电缆缠住的事件。其中 10 起发生在中美洲和南美洲的太平洋沿岸，2 起发生在南大西洋，北大西洋和波斯湾各有 1 起。所有的缠绕事件都涉及抹香鲸，可能是因为事故集中发生在厄瓜多尔和秘鲁的海岸，而这些地方又与鲸的季节性迁徙有关。目前，鲸缠绕事件发生的最大深度是 3720 英尺深处，不过大多数还是发生在 3000 英尺深处，这表明抹香鲸的食物可能主要分布在该区域。大多数这类事件都包含两个重要细节：发生在早期的维修点附近，那里的海底铺设着松弛的电缆；并且电缆通常缠绕在鲸的下巴上。海森认为，当鲸掠过海底搜寻食物时，它的下巴可能被铺设在海底的松弛

的电缆圈缠住。鲸用力挣扎想要重获自由，结果越缠越紧，最终死亡。]

8

一些海豹似乎也发现了隐藏在深海中的丰盛大餐。长期以来，人们一直困惑，东太平洋的北方海豹在美国加利福尼亚州北部至阿拉斯加州的外海过冬时，在哪里觅食，以及以什么为食。没有证据表明，它们主要食用沙丁鱼、鲭鱼或者其他具有重要商业价值的鱼类。而且，如果400万只海豹与渔民争夺这些鱼类，不可能毫无声息且不被人发现。不过如今，人们已经掌握了与海豹饮食习惯相关的重要证据。人们在它们的胃里发现了一种鱼的骨头，此前从未有人见过它活着的样子。事实上，人们也只在海豹的胃里见过它的遗骸，其他地方未见踪迹。鱼类学家认为，这种鱼通常栖息在大陆架边缘的深海。

人类尚不清楚，鲸或者海豹如何承受下潜数百英寻引起的巨大压力变化。它们和人类一样，都是恒温哺乳动物。如果潜水员从200英尺左右的深处迅速上升，就可能会死于沉箱病——由于压力突然释放，导致血液中氮气泡快速积累而引起的一种疾病。但根据捕鲸人所说，一条须鲸被鱼叉叉中后能直接下潜半英里深，这通过测量钓线的长度就能知道。在这样的深度下，鲸每英寸[①]的身体都要承受半吨的压力，逼得它立刻重返海面。最合理的解释是，鲸和潜水员不同，潜水员在水下时要携带氧气瓶，而鲸下潜的时候体内空气有限，血液中的氮含量不足以对它造成严重的伤害。但我们无法了解事情的真相，因为我们显然不能困住一头活鲸并对其做实验，而且解剖一头已死的鲸也给不出我们满意的答案。

最初人们不明白，为何如玻璃海绵和水母这般脆弱的生物竟然能够在深水区巨大的压力下生存。但其实，对于定居深海的生物来说，只要它们身体组织内部的压力与外部压力相同，并保持这个平衡，它们就不会因为1吨左右的压力而感到不便，就像人类已经适应了大气压力一样。毕竟，大多数深海生物一生都生活在某个区域中，无须适应压力的极端变化。

但凡事都有例外。在承受压力方面，真正神奇的不是那些终生生活在海底、经受五六吨压力的生物，而是经常垂直移动几千英尺的生物，比如白天潜入深海的小虾和其他浮游生物。此外，拥有鱼鳔的鱼类也会因为压力的突然变化而受到严重影响，这一点只要你见过从100英寻深处拉起的渔网就能明白。除被渔网意外捕获并被拉出水面从而经历压力的快速减轻

① 1英寸＝2.54厘米。——编者注

外，鱼类有时也会主动走出舒适区，然后发现自己再也无法返回。它们可能会为了寻找食物在生活区域的上限游动，无意中越过无形的边界，在陌生且不适宜的环境中迷路。当它们追着一层又一层的浮游生物进食时，也可能会越过边界。上层水域中压力减少，使得鱼鳔内的气体膨胀，从而鱼受到的浮力会更大。它可能会挣扎着下潜，用全部的肌肉力量对抗向上的浮力。不成功便成仁，但它最终会“跌落”到海面，受伤死亡，因为压力的突然释放会导致它身体组织膨胀和断裂。

9

海洋因为自身重量而产生的压力相对较小。以前有种未得到证实的观点认为，在较深的海域，海水会排斥从海面下落的物体。这种观点也认为，沉船、溺水者尸体，以及还未来得及被饥饿的食腐者吃掉的大型海洋动物的尸体，永远也到达不了海底，它们停留的深度由自身重量与海水压力的关系决定，它们会永远停留在某个深度，随水漂流。但事实上，任何物体，只要其自身比重大于周围海水的比重，就会继续下沉，并且所有大型物体都会在几天内下沉到海底。从最深的深海盆地中发现的鲨鱼牙齿和坚硬的鲸耳骨，便是无声的证词。

不过，海水的重量（数英里深的海水向下的压力）确实对水体本身有一定影响。如果自然法则奇迹般地暂时消失，这种向下的压力突然释放，那么全世界的海平面将上升约 93 英尺。这将使美国的大西洋海岸线向西移动至少 100 英里，并改变世界上所有已知的地理轮廓。

巨大的压力是影响深海生命生存的一个条件，黑暗则是另外一个条件。深海中无边的黑暗使深海动物产生了不可思议的奇妙变化。深海完全隔绝阳光，只有少数亲眼见过它的人才能想象。我们知道，光线进入海面以下后会迅速消失。红光在海面以下 200~300 英尺处消失，一同消失的还有橙光和黄光等暖光。紧接着，绿光会在 1000 英尺处消失，仅剩下幽深的蓝光。在非常清澈的水体中，紫光可能会再穿透 1000 英尺的深度。超出这个范围，深海中就只剩下黑暗。

海洋动物的颜色与它们生活的区域有一种奇怪的联系。表层水体中的鱼类，比如鲭鱼和鲱鱼，通常是蓝色或者绿色的；僧帽水母的伞盖和有翼海螺天蓝色的双翼也是一样。在硅藻草甸和漂浮的马尾藻下面，水体呈现更幽深明亮的蓝色，许多生活在此处的生物的身体颜色都是晶莹剔透的。它们幽灵般透亮的身体与周围环境融为一体，这样更方便它们躲避无处不在、饥肠辘辘的敌人，比如透明的箭虫、栉水母和多种鱼类的幼体。

在 1000 英尺深处，也就是光线的尽头，常常能见到银色的鱼，红色、浅褐色或者黑色的鱼数量也不少。翼足类动物是深紫色的。箭虫的近亲在上层水体中是无色的，而在这里则是深红色的。水母的身体在海面中是透明的，而在这里是深棕色的。

在深度超过 1500 英尺的地方，所有的鱼都是黑色、深紫色或者棕色的，但龙虾却披着令人惊艳的红色、猩红色和紫色。没有人知道其中的缘由。上面的海水过滤阻挡了所有的红光，这些生物猩红的体表颜色在其他生物眼中就是黑色。

10

深海中也有星星，有时也会到处闪烁着月光一样的奇异光芒，因为在昏暗或漆黑水域中生活的鱼类差不多半数都能发出这种神秘的冷光，许多低等生命形式也能发光。许多鱼类都可随意控制自己发光或不发光，或许是为了方便觅食或捕食。有些生物身体上方有成排的灯，排列方式因物种而异，可以被当作识别标记，或者用来辨别朋友和敌人。深海乌贼喷出的液体可以变成一团发光的云，与浅海乌贼喷射的墨水有异曲同工之妙。

最强的光线也到达不了的海洋深处，深海鱼类的眼睛变大，似乎是为了充分辨别任何一点光亮，或者变得像望远镜一样，晶状体变大并向外凸出。深海鱼类总是在黑暗的水域捕猎，因此它们的眼睛视网膜上的“视锥细胞”或者感知颜色的细胞往往会减少，能够感知微弱光芒的“视杆细胞”则会增加。同样的变化在陆地上的夜行性动物身上也能观察到，这些动物与深海鱼类一样，常年不见阳光。

一些生活在黑暗世界中的动物似乎已经失明，某些洞穴动物就是如此。因此，许多动物用极其发达的触角和细长的鳍摸索前进，以补偿视力上的不足，就像拄着拐杖的盲人完全依靠触觉来辨别朋友、敌人和食物。

植物生命的身影最多只能留在薄薄的上层水体中，因为无论水体多么清澈，也没有植物能够在600英尺以下生存，几乎没有植物能够在200英尺以下获得足够的阳光来维持生存。由于动物不能自己生产食物，深水区的动物过着一种奇怪的寄生生活，几乎完全依赖上层水体生存。这些饥饿的食肉动物凶猛且无情地互相捕食，但整个群体的生存最终都依赖于雨点一样从上面降落下来的食物颗粒。这场永无止境的雨，是由海洋表面或中层死亡或濒死的动植物组成的。在海面和海底之间层层分布的每个水平海域能够获得的食物不同，并且通常一层不如一层。从深水中的一些龙状小鱼剑齿状的下颚，就能知道对于深海动物来说食物的竞争有多激烈，这种鱼长着巨大的嘴巴和有弹性、可以扩张的身体，让它能吞下比自身大几倍的鱼来填饱肚子。

11

压力、黑暗和寂静（在几年前则会加上这一条）是深海中的生存环境。但切不可就此将海洋视为寂静之地。通过广泛使用水听器和探测潜艇的监听装置，我们了解到，在世界上大部分海岸线周围，存在着鱼类、虾类、海豚和其他不明生物产生的吵闹声。目前，人类还没有开始对近岸海域深处的海域中存在的声音正式研究。不过，亚特兰蒂斯号的船员将水听器放入百慕大附近的深水区时，记录到了奇怪的喵喵声、尖叫声和可怕的呜咽声，其来源尚未确定。人类也将较浅海域的鱼类捉到水族箱中，记录它们的声音，与在海上听到的声音进行对比，多数情况下可以得到满意的鉴定结果。

第二次世界大战期间，美国海军为保护切萨皮克湾入口而设置了水听器网络，但直到 1942 年春天，海面上的扬声器每天晚上都发出像“用风钻破坏路面”的声音，完全覆盖了船舶通过的声音。这让水听器一度失去了用武之地。最终，人们发现这些声音是黄花鱼从近海越冬地点进入切萨皮克湾时发出的。识别和分析出这种噪声后，用电子滤波器将它屏蔽掉，扬声器中就只剩下船的声音了。

同一年，圣迭戈市拉荷亚的斯克里普思研究所的码头外也听到了一群黄花鱼发出的声音。从 5 月到 9 月下旬，黄花鱼每晚开始合唱，大约从日落时分开始，逐渐变成持续的、刺耳的蛙鸣声，还夹杂着一种轻柔的鼓声。合唱持续两至三小时，最后只剩偶尔发出的个别声音。研究发现，被隔离在水族箱中的几种黄花鱼也能发出类似的“蛙鸣声”，但至今仍未找到轻柔背景鼓声的发出者（可能是另一种黄花鱼）。

海下最普遍的声音是在有鼓虾活动的海底附近听到的噼啪声和嘶嘶声，听起来像是干树枝燃烧或者油炸脂肪的声音。鼓虾是一种圆圆的小虾，直径约半英寸，长着一个大钳子，用来攻击猎物。当成千上万的虾不停地敲击钳子的两个关节，就汇聚成上文提到的噼啪声。在水听器捕捉到它们的信号之前，人们不知道这种小型的鼓虾数量如此丰富，分布如此广泛。它们的声音传遍了世界上北纬 35° 和南纬 35° 之间的地区——比如，从哈特拉斯角（Cape Hatteras）到布宜诺斯艾利斯——所有深度小于 30 英寻的海域。

12

和鱼类、甲壳类动物一样，哺乳动物也参与了这场海下合唱。生物学家通过水听器在圣劳伦斯河（St. Lawrence River）河口听到了“高亢洪亮的口哨声和尖叫声，伴随着滴答声和咯咯声交替变化，让人微微想起弦乐的调音，此外还有喵喵声和偶尔能听到的啾啾声”。这段非凡的乐曲只有在成群的白海豚沿河而上或顺河而下时才能听到，因此人们相信这些声音是由它们发出的。

［1961 年版注：很久以来，人们一直在猜测发声对海洋生物的作用。早在 20 年前，人们就知道，蝙蝠具有与雷达相似的功能，会发射高频声波，一旦遇到前方的障碍，声波就会被反射回来，通过这种方式，蝙蝠能够在黑暗的洞穴和夜晚行动自如。那么，某些鱼类和海洋哺乳动物发出的声音是否也有类似作用，帮助这些深海居民在黑暗中游水捕食？

很早以前，伍兹霍尔海洋研究所通过录音带录下了某种水下声音，那是从暗无天日的深海中发出的神秘叫声。每次叫声都伴随着微弱的回声，由于无法确定其来源，研究人员便将它们命名为“回声鱼”。一直到近期，佛罗里达州立大学的 W. N. 凯洛格（W. N. Kellogg）教授对捕获的海豚进行了巧妙的实验，发现海洋生物也有类似于蝙蝠的回声定位或回声测距系统。凯洛格博士发现，海豚会发出水下脉冲声波，它们可以利用脉冲声波准确地在一片障碍物中穿行，而不发生任何碰撞。它们会在过于浑浊或黑暗的水中运用这种方法。

在该实验中，当研究人员将物体放入水箱时，海豚会发出一阵阵声波信号，似乎在给这些物体定位。如果用软管喷水或者大雨冲刷水面，就会引起大的扰动，发出响亮的声波信号，海豚会根据警告声上下起伏，从水中跃起。如果在海豚无法通过目视定位的情况下，把食用鱼丢入水箱内，海豚就会通过声波来定位它们，左右摆动头部以接收回声，从而确定食物的确切位置。]

深海的神秘、怪异和永恒让许多人坚信，某些非常古老的生命（某些“活化石”）可能潜藏在深海的某处。挑战者号上的科学家也想到了这种可能。他们用渔网捕捞上来的生物非常怪异，多为人类见所未见的物种，但基本上可以归为现代生物。既没有类似寒武纪的三叶虫或志留纪的海蝎子的生物，也没有能让人联想起中生代侵入海洋的大型海洋爬行动物的生物，只有现代鱼类、鱿鱼和虾类，它们为了适应艰难的深海生活，发生了奇特怪异的进化。但显然，这些生物类型都是在距今最近的地质时期进化形成的。

深海绝不是生命原本的家园，生命在深海中定居的时间不长。当生命在表层海水、海滨，或许还有河流和沼泽中蓬勃发展的时候，陆地和深海仍然是生命的禁地。我们都知道，大约3亿年前，来自海洋的殖民者第一次排除万难来到陆地生活。深海的无尽黑暗、万钧重压和刺骨的冰冷增加了生存的困难。或许生命（至少是高等生命形式）的成功进入在这个地方发生得稍晚一些。

13

然而，近年来发生的一两件重要事情使人们坚信，深海中可能隐藏着与过去的联系。1938年12月，渔民在南非附近海域用拖网捕捉到一条奇怪的鱼。它还活着，但学者们原本认定，它至少已经灭绝了6000万年，最近的化石遗骸也可追溯到白垩纪，这是人们第一次见到它活着的样子。

这条来自40英寻深海的鱼长5英尺，亮蓝色，长着大大的脑袋和形状奇怪的鳞片、鱼鳍和尾巴。渔民们意识到它与以往捕获的海洋生物不一样，于是在回到港口后，把它送到了附近的博物馆。它被命名为矛尾鱼（Latimeria），是目前为止唯一被人所发现的一条，人们似乎可以合理猜测，这种鱼栖息在渔民通常的捕捞深度以下，而这条中招的鱼意外离开了老巢。

[1961年版注：矛尾鱼被鉴定为是腔棘鱼目的一种，是一种极其古老的鱼类，大约3亿年前首次出现在海洋中。接下来的2亿多年里的岩石中出现了腔棘鱼化石。在南非附近发现了这种鱼的踪影后，起初人们认为这是一个奇特的例外，可一不可再。但南非鱼类学家J. L. B. 史密斯（J. L. B. Smith）教授不同意这种观点。他相信海洋中一定还有其他腔棘鱼，于是他开始耐心搜索，14年后终于获得成功。1952年12月，他在马达加斯加西北端的昂儒昂（Anjouan）岛附近捕获了第二条腔棘鱼。之后，马达加斯加研究所的主任J. 米罗（J. Millot）教授继续开展搜索工作，截至1958年获得了10条鱼，包括7条雄性和3条雌性。

对于相隔6000万年这种腔棘鱼化石才再次出现，美国自然历史博物馆的博比·谢弗（Bobb Schaeffer）博士给出了一个合理的解释。他指出，可能从侏罗纪时期开始，最早的腔棘鱼类就已经生活在淡水沼泽和海洋中。而从侏罗纪到现在，它们似乎只生活在海洋里。这或许是因为在白垩纪末期，外溢的海水从陆地撤退，使腔棘鱼的活动范围被局限在海盆中，它们身体所形成的化石也都藏在了海底沉积物中。人们很难抵达这一区域，发现该化石的机会自然微乎其微。]

偶尔，人们也能从0.25至0.5英里深的海域捕捉到一种非常原始的鲨鱼，因为有褶皱的鳃而得名“皱鳃鲨”。它通常见于挪威和日本海域，欧洲和美国的博物馆中仅保存了大约 50 条，但最近加利福尼亚州的圣塔芭芭拉市附近海域也捕捉到一条。解剖皱鳃鲨，我们会发现它的许多特征都类似于生活在 2500 万至 3000 万年前的古鲨鱼。与现代鲨鱼相比，它的鳃数量较多，而背鳍数量较少，而且牙齿和古鲨鱼化石一样，都是三叉或荆棘形状的。一些鱼类学家认为，它是上述早已灭绝的远古鲨鱼祖先的唯一后裔，在这寂静深海中挣扎求生。

在这些我们不甚了解的深海区域，可能还潜藏着其他数量稀少、分布零散的古生物。深海中的生存条件远不足以支持生命的存在，除非这些生命具有很强的可塑性，能随时改造自己以适应恶劣的生存环境，利用一切优势，在漆黑一片的艰难世界中生存。

第五章　隐藏之地

洞穴里铺满细沙，清凉而幽深，

连风似乎都停止了。

——马修·阿诺德

作为第一个横跨太平洋的欧洲人，麦哲伦对船下隐藏的世界充满好奇。当船行驶到土阿莫土群岛（Tuamotu Archipelago）的圣保罗（St. Paul）珊瑚岛和洛斯·蒂布罗内斯（Los Tiburones）珊瑚岛之间时，他命令手下放下测深线。这种当时探险者使用的传统探测线，长度不超过200英寻。它并没有触及海底，但麦哲伦就此宣布，自己正位于海洋最深处的上方。虽然他犯了一个彻头彻尾的错误，但这个事件仍具有历史性意义，是世界上第一次有航海家试图探测辽阔海域的深度。300年后的1839年，詹姆斯·克拉克·罗斯（James Clark Ross）爵士指挥两艘名为厄瑞玻斯[①]号（Erebus）和恐怖

① 厄瑞玻斯是古希腊神话中的幽冥神，永久黑暗的化身。——编者注

号（Terror）的船——两个名字给人以不祥的预感——从英格兰出发，驶向“南大洋最远可以通航的地方”。在航行途中，他反复尝试探测水深，但因为缺乏合适的探测线，均以失败告终。最终，他在船上造了一条探测线，“长达 3520 英寻……1 月 3 日，南纬 27°26′，西经 17°29′，天气和其他条件均佳，我们成功地测得了 2425 英寻处水深数据，这个区域海盆的深度与勃朗峰的海拔相差无几”。这是首次成功的深海探测。

不过，长期以来，深海探测都是一项耗时费力的任务，且我们对海底地形的了解远不及我们对月球近地侧地形的了解。近些年来，对海底的研究方法日渐改进。比如，美国海军军官莫里（Maury）用结实的绳子代替了罗斯爵士使用的粗麻绳，而 1870 年，开尔文（Kelvin）勋爵则开始使用钢琴线。即便如此，深水探测也动辄就要耗费数小时，甚至一整天。1854 年，莫里收集了当时能获取的所有记录，其中采集自大西洋的深海探测记录仅有 180 个。而在现代回声探测技术出现后，从世界各地海洋盆地采集的记录总数达到 15000 个，相当于每 6000 平方英里区域采集一个水深测量数据。

目前，已经有数百艘船配备了声波探测仪器，可以追踪、勾画船舶下方海底的连续轮廓（尽管只有少数船舶可以探寻超过 2000 英寻深处的海底轮廓）。水深探测数据积累的速度，比航海图绘制的速度要快得多。就像一幅巨大地图上的细节被画师慢慢填满一样，海洋下隐藏的轮廓也在一点一点显现。不过，即使有了最新的进展，要想得到准确而详细的海洋盆地地形图，仍需等待多年。

［1961 年版注：现在声波探测仪器的探测范围已经大大扩展，理想情况下，最强大的仪器能够探测到海底最深处。但在实际操作中，海底的性质以及中间水层的条件等因素都会影响测深装置的效果。不过，海洋学家已经掌握了描绘海洋各部分海图所需的探测范围。］

不过，对于海洋的大体地形，人们已经了然于心。潮线以外有三大海洋地理区域：大陆架、大陆坡和深海海底。每个区域都独一无二、与众不同，它们彼此之间天差地别，就像落基山脉和北极苔原的差别一样。

1

大陆架是海洋的一部分，但在所有海洋区域中，它最像陆地。阳光直直地穿透除最深处以外的所有海域。植物在海面漂流，海藻紧贴在岩石上，并随着阵阵海浪摇摆。人们熟悉的各种鱼类，与海底奇形怪状的生物不同，成群结队在大陆架的平原上逡巡游动。这里的大部分物质都来自陆地，沙子、岩石碎片及肥沃的表层土壤顺水流入大海，轻轻沉积在大陆架上。在世界某些地方，大陆架的山丘和山谷被冰川融水所雕琢，形成的地貌极似我们熟知的北极景观，地面上散布着移动的冰盖带来的沉积岩石和碎石。事实上，大陆架的许多（或全部）区域在过去的地质时代都曾是干燥的陆地，因此只要海平面轻微下降，它们就会暴露在风吹日晒下。纽芬兰大浅滩便是从古代海洋中升起，又被再次淹没。北海大陆架的多格滩（Dogger Bank）曾是史前野兽栖息的林地，现在则变成了海藻丛，游弋其中的野兽变成了鱼。

在海洋的所有结构中，大陆架提供了对人类最直接、最重要的物质来源。除少数例外，世界上的大渔场都分布在大陆架相对较浅的水域。人们从海中平原采集海藻，用于制作食品、药品和商品。随着远古海洋遗留在大陆上的石油储备逐渐枯竭，石油地质学家越来越关注与海洋接壤的陆地下可能存在的、尚未在地图上标明或开发的石油资源。

大陆架从潮汐线开始向海洋延伸，形成平缓倾斜的平原。过去，人们把 100 英寻等深线当作大陆架与斜坡的边界，现在则通常将大陆架从缓坡突然转变为深海陆坡之处视为分界线。在全世界范围内，这种变化发生的平均深度约为 72 英寻，大陆架的最大深度是 200~300 英寻。

美国太平洋沿岸的大陆架的宽度都不超过 20 英里，与幼年山（可能还在形成中的山）接壤的海岸大陆架都有这种狭窄的特征。而在美国东海岸，哈特拉斯角以北的大陆架有 150 英里宽。然而在哈特拉斯和佛罗里达州南方外海，大陆架不过是通往大海的窄窄门户。它如此狭窄，可能是因为受到巨大湍急的海中洋流——墨西哥湾流的挤压，这道洋流的流经路径非常靠近陆地。

世界上最宽的大陆架是与北极接壤的大陆架。巴伦支海大陆架横跨 750 英里。它也相对较深，大部分位于海面以下 100~200 英寻处，底床似乎已因冰川的重压而向下弯曲。大陆架上有一抹抹冰川所造成的深槽，海岸和岛屿就分布在深槽之间。最深的大陆架在南极大陆周围，多个区域的水深测量结果都显示，海岸附近及整个大陆架的深度达到了数百英寻。

2

越过大陆架边缘，大陆坡变得更加陡峭，深海的神秘和陌生扑面而来：愈发浓厚的黑暗，逐渐增加的水压和荒凉的海景。寸草不生，目之所及只有岩石、黏土、泥浆和沙子。

从生物学角度来讲，大陆坡和深海一样，是一个动物世界——一个食肉动物的世界，一个弱肉强食的世界。这里没有植物生长，只有从上面阳光普照的海域漂落下来的枯死植物的残骸。大多数大陆坡都位于海面波浪作用区域以下，但它们还是会受到流经附近海岸的洋流的挤压、潮汐的反复拍打和深海汹涌波涛的冲刷。

从地质学角度来看，大陆坡是地表最壮观的特征。它们是深海盆地的内壁，是大陆最远的边界，海洋真正的发源地，也是地球上最长、最高的悬崖。它们的平均高度是 12000 英尺，在某些地方可以达到 30000 英尺。没有哪座陆地山脉的落差能与之相比。

大陆坡的壮观可不仅仅表现在它的陡峭和高度。它还是海洋最神秘的存在——海底峡谷的所在地。海底峡谷陡峭的悬崖和蜿蜒的山谷便是嵌入了大陆坡。目前在世界多地发现了海底峡谷。如果我们探测所有目前尚未开发的海域深处，或许会发现海底峡谷遍布全世界。地质学家认为，某些海底峡谷形成于距今最近的地质时期，即新生代，大部分可能形成于至少 100 万年以前，即更新世。但无人能说清，它们是如何形成的，以及在什么条件下形成的。它们的起源是争议最大的海洋问题之一。

若非海底峡谷隐匿在海洋的黑暗之中（许多海底峡谷延

伸到海平面以下 1 英里左右），它一定会被称为世界最壮丽的景观。它的宏奇委实不亚于科罗拉多大峡谷。如同陆地上被河流切割而形成的峡谷一样，海底峡谷也是深邃蜿蜒的，它的横截面呈 V 字形，谷壁直直地向狭窄的谷底倾斜。从许多大型海底峡谷的位置来看，它们与地球上现存的一些大型河流曾经相连。哈得孙海底峡谷（Hudson Canyon）是大西洋沿岸的大海底峡谷，仅隔一条浅浅的海底山脊，是另一个横跨大陆架、蜿蜒百余英里的山谷，发源于纽约港入口和哈得孙河河口。峡谷问题专家弗朗西斯·谢泼德（Francis Shepard）表示，刚果河、印度河、恒河、哥伦比亚河、圣弗朗西斯科河和密西西比河附近都有大型海底峡谷。他指出，加利福尼亚州的蒙特雷海底峡谷（Monterey Canyon）位于萨利纳斯河（Salinas River）的一个老河口附近；法国的布雷顿角峡谷（Cap Breton Canyon）看似与现代河流毫无关联，其实所在为阿杜尔河（Adour River）一个 15 世纪的老河口附近。

3

基于这些海底峡谷的形状，以及它们与现代河流显而易见的关联，谢泼德主张，海底峡谷是在其沟谷位于海平面之上时被河流侵蚀而形成的。这些峡谷形成的时间不长，可能与冰河时代发生的某些变化有关——一般认为，在大冰河时期，由于海洋中的水被冻结在冰盖中，海平面降低了。但大多数地质学家认为，当时海洋只不过下降了几百英尺，不足以解释以英里计的幽深海底峡谷形成的原因。一种理论提出，当冰川前进，并且海平线下降至最低点的时候，海底有大量的泥浆流动；被海浪搅动的泥浆倾泻在大陆坡上，从而冲刷出海底峡谷。不过，由于缺乏确凿证据，目前仍然无法确定海底峡谷是如何形成的。

[1961 年版注：自从 10 年前第一次有人书面记录海底峡谷以来，人们对海底峡谷的了解越来越多，不过对其起源依然莫衷一是。现代海洋学家调动了多方技术和力量来解决这个问题。潜水员直接探索了加利福尼亚海底峡谷的浅水区，搜集了海底峡谷内壁的样本，并拍下了它们的照片。海洋学家使用深海岩芯取样器和挖泥船研究其他海底峡谷，获取岩石和沉积物样本。精密深度记录仪提供了许多与海底峡谷形状有关的新信息。通过这些研究成果，科学家总结，至少存在五种不同类型的海底峡谷，几乎可以肯定它们拥有不同的起源，没有一种一概而论的解释。

海洋地质学家谢泼德教授最初主张，海底峡谷是河流侵蚀所形成，之后又被海水淹没。但如今他表示，此前的说法足以解释某些海底峡谷的形成，但并非对所有海底峡谷都适用。比如，在地壳不稳定的地方存在一些呈凹槽形的海洋山谷，山壁笔直，极有可能是因为岩石海底的断层或断裂所形成的。还有另一种日渐得到支持的理念，认为某些海底峡谷是被称为浊流的大量泥沙流侵蚀而成的。如果我们能进一步研究海底峡谷的迷人之处，将不仅有助于揭示它们自身的历史，也能极大地增加我们对地球历史的了解。]

4

深海盆地的底部可能和海洋本身一样古老。据我们所知，自深海形成之后的数亿年里，这些深深的凹陷从未干涸过。每个地质时代里，大陆边缘的大陆架、涌动的海浪，以及风雨冰霜的侵蚀都在证明，海底始终被数英里深的海水严密覆盖。

但这并不意味着，深海的轮廓自形成之日起就一成不变。海底的组成物质和陆地一样，都是覆盖在可塑性地幔上的一层薄薄外壳。当地球内部缓慢冷却、收缩，与外层分离后，海底出现了褶皱。地壳调整引起了压力和应力的变化，在这些力量的作用下，有的区域会下陷成为深沟，有的会隆起成为圆锥形的海底山脉，同时，火山会从地壳的缝隙中喷涌炽热的岩浆。

直到几年前，地理学家和海洋学家还认为深海海底是辽阔而平缓的平原。当然，人们知道大西洋中脊、菲律宾附近的民答那峨海沟（Mindanao Trench）等大的海底凹陷的存在，但他们仍坚信这些不过是特例，海底地形基本是一马平川。

瑞典深海考察队彻底摧毁了人们的这一看法。1947 年夏天，该考察队从哥德堡出发，历时 15 个月探索海床。科学家们乘着信天翁号穿越大西洋，朝着巴拿马运河前进，惊讶地发现大洋底部竟然如此崎岖。测深仪显示，很少有绵延数英里以上的平原。相反，海底地势起起伏伏，巨大的阶梯从半英里到几英里宽不等。船行至太平洋，不平坦的海底更增加了科学家们使用多种海洋探测仪器的难度。不止一个岩芯管被卡在海底某处的缝隙中，永远留在那里。

印度洋海底是个例外，它没有海底丘陵或者高山。信天翁号在锡兰（今斯里兰卡）的探测结果显示，此地区的海底是连绵数百英里的平原。科学家们尝试从这片平原上采样，但几乎无一成功，因为岩芯取样器被反复损坏，这也说明海底是坚硬的熔岩，整个大平原可能是大规模海底火山喷发形成的，类似于华盛顿州东部的玄武岩高原，或由 10000 英尺厚的玄武岩组成的印度德干高原。

伍兹霍尔海洋研究所的科考船亚特兰蒂斯号则在大西洋海洋盆地中发现了一个平原，从百慕大绵延到大西洋中脊，以及大西洋中脊以东的大部分地区。大平原上仅偶尔有一连串可能由火山作用形成的小山丘。它是如此平坦，似乎很少受到打扰，从而可以长期接收沉积物。

5

出人意料的，海底最深的凹陷并非出现在海洋盆地的中心，而是位于大陆附近。菲律宾东部的民答那峨海沟是世界上最深的海沟之一，深度达 6.5 英里，令人望而生畏。

［1961 年版注：球形潜水艇——里雅斯特号曾下潜到关岛外海的马里亚纳海沟底部，创下了潜海最深的纪录。1951 年，挑战者号对海沟进行探测，测得 10863 米深度。由于它提供了回声探测的准确位置，可以进行核实，因此被认为是有确凿证明的最大深度。不过，1958 年，苏联勇士号（Vitiaz）上的科学家报告说，在马里亚纳海沟中测得了更深的深度（11034 米），但未能指明其探测地点。］

日本东部的塔斯卡罗拉海沟（Tuscarora Trench）深度与民答那峨海沟相当，是一条狭长的海沟，毗邻小笠原（Bonins）群岛、马里亚纳群岛和帕劳（Palaus）群岛等岛屿的凸出外缘。阿留申群岛的向海侧有另外一组海沟。大西洋的最深处毗邻安的列斯群岛，有的海沟位于合恩角（Cabo de Hornos）下方，那里弯曲的岛链像石阶一样延伸到南大洋。同样地，印度洋地最深处也与马来群岛弯曲的岛弧相邻。

岛弧和深海沟之间总是有这种联系，而且两者也只出现在有活跃火山的区域。现在人们一致认为，这种模式与造山运动及随之而来的海底的大幅调整有关。岛弧凹陷的一侧是成排的火山，凸出的一侧是骤然向下弯曲的海底，从而形成了宽 V 字形的深海海沟。两股力量似乎在彼此较劲：海底地壳向上折叠成山峰，向下凹陷进入下方的玄武岩层。有时，下陷的花岗岩物质破裂并再次上升，形成岛屿。据推测，小安的列斯群岛中的巴巴多斯（Barbados）岛和马来群岛中的帝汶岛便是因此形成。两座岛屿都有深海沉积物，仿佛它们曾是海底的一部分。不过这种情况并不常见。用伟人的地质学家戴利（Daly）的话来说：

地球的另一个特性是它能抵抗无尽的剪切应力……大陆俯瞰海底，坚决拒绝向海洋的方向移动。太平洋下方的岩石也足够结实，能够承载时时刻刻存在的巨大压力，包括汤加海沟（Tonga Deep）地壳的下冲力、万米熔岩穹顶和以夏威夷群岛为代表的其他火山产物产生的压力。

6

海底最不为人知的区域位于北冰洋之下。它的深度很难通过物理方法探测。毕竟，厚达15英尺的永久冰层覆盖着整个中央海盆，船舶根本无法通行。1909年，皮尔里（Peary）乘坐狗拉雪橇来到极地，途中进行了几次探测。当他尝试在距离极地几英里的地方探测水深时，测深线在1500英寻处断裂。1927年，休伯特·威尔金斯（Hubert Wilkins）博士驾驶私人飞机降落在巴罗角（Point Barrow）以北550英里处的冰面上，并做了一次回声探测，取得了历次以来北冰洋探测的最深数据——2975英寻。之后，挪威的前进号（Fram），苏联的谢多夫号（Sedov）和萨特阔号（Sadko）故意将船舶冻结在冰中，目的是让船随着冰层一起漂过海盆上方。通过这种方法，科学家获得了海盆中央的许多深度纪录。1937年和1938年，苏联科学家在极地附近降落，借助飞机空投的物质，在冰面上生活和漂流。他们在此期间进行了20多次深海探测。

威尔金斯提出了一个最大胆的北冰洋探测计划。1931年，他乘坐鹦鹉螺号潜艇，打算在冰层以下从斯匹次卑尔根岛航行到白令海峡，穿越整个海洋盆地。但很不幸的，鹦鹉螺号离开斯匹次卑尔根岛之后没几天，潜水设备就出现了机械故障，计划被迫中止。到了20世纪40年代中期，人们想尽各种方法对北极深海进行水深探测，但总次数仍只达到150次左右。这个水域的大部分对人类来说都是未知，只能凭想象猜测。第二次世界大战结束后不久，美国海军开始使用一种新的海底探测方法，穿过冰层探测水深，这或许将是解开北极谜团的关键。或许人们还能验证一个有趣的推测，即将大西洋一分为二的山脉的北部终点并非冰岛，而可能继续穿过北极海盆，到达俄罗斯海岸。地震带沿大西洋中脊分布，似乎横跨北冰洋，据此我们可以猜测，发生海底地震的地方，可能都是多山地形。

7

［1961年版注：当前，海洋地质学取得了可喜的进展，证实了大西洋中脊横跨北极海盆这一推测。一些地质学家认为，整个大西洋中脊实际上是一条绵延4万英里的海底山脉的一部分，它横跨大西洋、北冰洋、太平洋和印度洋的海底。

长期以来，我们对北极海盆的细节一无所知，只能猜测，但一项突破性的发展打破了这一局面。美国科学家借助核潜艇穿过冰盖下方，直接探索这片海洋的深处。1957年，鹦鹉螺号（与威尔金斯所乘的传统潜艇同名）首次穿过北极冰盖进行初步探索，旨在确定利用潜艇探索是否可行。鹦鹉螺号在水下潜行了74小时，航行了近1000英里，收集了大量数据，包括回声探测海洋深度和上覆冰层的厚度。1958年，鹦鹉螺号从阿拉斯加的巴罗角出发，穿越整个北极海盆到达北极，再从那里出发到达大西洋。在这次具有历史意义的航行中，它首次连续地记录了整个北极海盆中心的回声测深剖面图。此后，其他核潜艇也相继加入探索，让人们进一步了解北极。如今，基于核潜艇和其他传统研究方法的探索，我们了解到，北极的海底大部分是正常的海洋盆地，具有平坦的深海平原、零散分布的海底山脉和崎岖的山脉。

迄今，研究人员发现北冰洋的最大深度略超过3英里。阿拉斯加附近35英寻深的浅海发生了陆架断裂，海底从这里开始陡然下降。在国际地球物理年期间，通过岩芯管和挖泥机取得的样品以及主要适用于浅海的深海摄影，人们发现海底广泛覆盖着岩石、鹅卵石和贝壳。由于现在的冰盖似乎很少或根本不含岩石碎片和沙子等物质，因此在海底样本中发现的物质一定来自过去某个地质时期从周围大陆漂流而来的冰块——当时北极还是一片广阔的大洋。

苏联科学家在海洋生物学方面做了大量工作，并且获得了有趣的数据，这些数据似乎反驳了南森（Nansen）之前提出的观点，即北冰洋中央海域的动植物少得可怜。从“北极”漂流观测站采集到的数据表明，极地地区存在着种类繁多的浮游生物。冰面上生活着人们罕有研究的生物，它们含有大量脂肪，将冰面染成黄色和红色。硅藻不存在于在冰面上，而是与其他浮游生物一起，在冰层融化所形成的湖泊中生长。丰富的硅藻种群吸收了大量的太阳能，使冰盖进一步融化。夏季，丰富的浮游生物吸引了大量鸟类和各种哺乳动物。]

8

20 世纪 40 年代之后，最新的海底地形图上出现了一种新地形——位于夏威夷群岛和马里亚纳群岛之间约 160 座奇特的平顶海底山板块。这是由普林斯顿大学的地质学家 H. H. 赫斯（H. H. Hess）发现的。第二次世界大战期间，他负责指挥美国海军舰艇约翰逊角号（Cape Johnson）在太平洋上巡航，为期两年。船舶测深系统上显示的大量海底山脉，让他大为震撼。测深仪在记录等深线时，有时等深线的轮廓会突然上升，这意味着海底矗立着一座陡峭的海底山板块。与典型的火山锥不同，所有的海底山板块都有宽阔而平坦的顶部，仿佛山尖被海浪削平了。但其实这些峰顶位于海面下半英里至 1 英里多的深处。它们的形成过程，或许与海底峡谷一样神秘难解。

与零星分布的平顶海底山板块不同，连绵的海底山脉多年前就已为人们所知。大约一个世纪以前，人们就发现了大西洋中脊。实际上，在勘察跨大西洋电缆路线的铺设路径时，人们就已经确认了它的存在。20 世纪 20 年代，德国海洋观测船流星号（Meteor）两次穿越大西洋，确定了大西洋中脊的大部分轮廓。伍兹霍尔海洋研究所的亚特兰蒂斯号花了几个夏天，对亚速尔群岛附近的海脊进行了详细研究。

现在我们可以勾勒出这个大型山脉的轮廓，并且得以初窥其隐藏的山峰和山谷的详细面貌。大西洋中脊在冰岛附近的大西洋中部隆起，从此地区向南，穿过大陆和赤道进入南大西洋，来到南纬 50° 左右，然后在非洲南端急转向东，奔向印度洋。总体路线基本与毗邻陆地的海岸线平行，甚至在赤道地区，其走向也顺着巴西的向外突出和非洲向东弯曲的海岸线而明显弯曲。有些人提出，它弯曲的形状表明大西洋中脊曾经是大陆的一部分，当美洲板块（北美和南美大陆）漂移离开欧亚板块和非洲板块时，它留在了海洋中部。但最新的研究结果表明，大西洋的底部有厚厚的沉积物，需要数亿年积累才能形成。

9

大西洋中脊长约1万英里，动荡不安，看起来似乎是由强大力量相互碰撞形成的。从西部山麓到向下延伸至大西洋海盆东部的斜坡，它的宽度约为安第斯山脉的两倍，阿巴拉契亚山脉的数倍。在赤道附近，一道深沟——罗曼什海沟（Romanche Trench）从东到西贯穿大西洋中脊。它是大西洋东、西深海盆地之间唯一的联系，尽管大西洋中脊较高的山峰之间还有其他较狭窄的山道。

当然，大西洋中脊大部分位于水下。它的中脊从海底隆起5000~10000英尺高，大部分山峰上都覆盖着约1英里深的海水。不过，时不时有山峰从黑暗的深水中隆起并冲出海面，形成大西洋中部的岛屿。大西洋中脊的最高峰是亚速尔群岛中的皮科岛（Pico Island），从海底向上隆起27000英尺，只有上部的7000~8000英尺露出水面。大西洋中脊最陡峭的山峰位于赤道附近，被称为圣保罗群岩。这6个小岛的整体宽度不超过四分之一英里，它们的岩石坡陡降入海，距离海岸仅几英尺处的水深就超过了半英里。

大西洋中脊的大部分仍永远地隐藏在人类目光之外。它的轮廓只能通过声波探测间接描摹。目前，人们已利用岩芯取样器和挖泥机取得了它的部分物质，深海相机也已拍摄到了它的一些地貌。凭借这些辅助手段，我们可以想象海底山脉的壮丽景色，它陡峭的悬崖、岩石阶面、幽深的山谷和高耸的山峰。如果将海底山脉与陆地上的事物做比较，那么人们首先想到的一定是林木线以上的陆地山、白雪皑皑的寂静山谷和被风吹过的裸露岩石；而海洋也有一条倒置的“林木线”或植物线，在这条线以下没有任何植物可以生长。海底山脉的山坡得不到阳光的眷顾，只有光秃秃的岩石，山谷中静静躺着数百万年来堆积而成的厚厚的沉积物。

10

太平洋和印度洋没有长度堪比大西洋中脊的海底山脉，但其中也不乏较小的山脉。夏威夷群岛是横跨太平洋中部海盆近 2000 英里的山脉的尖峰。吉尔伯特（Gilbert）群岛和马绍尔群岛位于另一条太平洋中部山脉的山肩上。东太平洋中，一个辽阔的海底高原连接着南美洲海岸和太平洋中部的土阿莫土群岛（Tuamotu Islands）。印度洋中，一条长长的山脊从印度延伸到南极洲，大部分的山段都比大西洋中脊更宽、更深。

根据古往今来所有陆地山脉的年代，推测海底山脉的年代，也是一件趣事。回顾过去所有的地质时期，我们意识到，伴随着火山喷发和地球剧烈的颤抖（地震），陆地上隆起的山峰都会在雨水、冰霜和洪水的侵袭下逐渐崩塌瓦解。那么海底山脉呢？它们是否以同样的方式形成，是否也是从一出生就走向死亡？

很多证据显示，海底地壳并不比陆地地壳更加稳定。因为借助地震仪，我们发现世界上相当一部分地震的源头都位于海洋之下，后文还会介绍，水下活火山的数量可能和陆地上一样多。显然，大西洋中脊是随着地壳的移动和重新排列而形成的。尽管海脊的海底火山几乎完全沉寂，但它仍是大西洋大部分地震的大本营。整个环大西洋海盆的陆地边缘几乎都因为地震而颤抖，因为火山而炽热。这些火山有些还在活跃，有些已经死亡，有些只是暂停了剧烈活动陷入数百年的沉睡期。高山环绕着太平洋海岸周围，地形从山顶骤降，直直向下进入深海。深海沟遍布南美洲外海，从阿拉斯加，沿着阿留申群岛，延伸到对岸的日本，再向南延伸至菲律宾群岛，显示出这种地貌尚在动态发展过程中，且这个地理区域承受了巨大的应力。

然而，海底山脉是地球上最接近诗人传颂的“永恒之丘”的地方。一座陆地山脉隆起，大自然会集合一切力量来绞杀它。而一座深海山脉形成后，普通的侵蚀力量根本奈何不了它。它生长于海底，高峰可能探出海面。岛屿会被雨水侵袭，年轻的海底山脉终于在海浪的拍击下，在大海的不断进攻下，再次沉入海面下。最终，尖峰被狂风暴浪的推拉和拖曳力量磨平。但在大海的暮色里，在深海的平静中，海底山脉是安全的，不会再受到攻击。它很可能一成不变，直到地球生命的尽头。

因为这种“永生”，最古老的海底山脉一定比陆地上残留的任何山脉都要古老。发现了中太平洋海底山脉的赫斯教授认为，这些“沉没的古岛”可能形成于寒武纪之前，或者说 5 亿到 10 亿年以前。它们可能与劳伦造山运动中形成的陆地山脉同龄。不过，海底山脉高度几乎一直不变，至今仍与现在的少女峰（Jungfrau）、埃特纳火山（Mt. Etna）或胡德山（Mt. Hood）等陆上山峰高度相当；而劳伦时期形成的陆上山脉却只有些许残迹。根据这一理论，当 2 亿年前阿巴拉契亚山脉隆起时，太平洋海底山脉已经存在很久了；而直到阿巴拉契亚山脉崩塌成地表的褶皱，它们仍然不改容颜。6000 万年前，当阿尔卑斯山脉、喜马拉雅山脉、落基山脉和安第斯山脉高高耸立时，海底山脉已经度过了漫长的岁月。将来这些陆地山脉也会化为尘土，而海底山脉可能仍矗立在深海之中。

11

随着海下隐藏的陆地越来越为人所知，人们屡次提出疑问：海底山脉的水下部分与著名的“失落的大陆”是否有联系？与这些传奇陆地有关的叙述都是模棱两可、虚无缥缈的，比如传说中的印度洋利莫里亚（Lemuria）、圣布伦丹岛（St. Brendan's Island）和失落的亚特兰蒂斯。

最有名的当数亚特兰蒂斯的传说了。根据柏拉图的描述，它是位于赫拉克勒斯之柱外的一个大岛或一块大陆。亚特兰蒂斯上居住着好战民族，由强大的君主统治，他们频繁袭击非洲和欧洲，占领利比亚的大部分领土，称霸欧洲的地中海海岸，最后进攻了雅典。然而，“大地震和洪水袭来，一天之内，一夜之间，所有攻击希腊的战士都被吞没。亚特兰蒂斯消失在大海之中。自那时起，这个地区再也无法通航，因为旧址处变成了一片沙洲”。

几个世纪来，亚特兰蒂斯的传说一直流传。逐渐的，人类鼓起勇气在大西洋上航行，甚至穿越大西洋，后来又探测了它的深度，以此推测“失落的大陆”的位置。据说大西洋上的岛屿便是曾存在的广袤陆地的遗迹。被海浪席卷的、孤独的圣保罗群岩最常被认定为亚特兰蒂斯的遗迹。在过去的一个世纪，随着大西洋中脊变得知名，人们对这个海面下的庞然大物萌生了各种各样的猜测。

不幸的是，这些美妙的想象终究只能是想象。如果大西洋中脊确实曾经出现在海面之上，那一定是早在亚特兰蒂斯岛上有人类定居之前的事。对大西洋中脊的某些岩芯采样，发现了 6000 万年前远离陆地的广阔海域特有的一系列连续沉积物。而即使是最原始的人类，最多也只有 100 万年的历史。

与深深植根于民间传说的其他传奇故事一样，亚特兰蒂斯的故事可能确实有一定真实性。地球上刚出现人类时，他们对岛屿或半岛沉没一定不陌生，这些岛屿不像亚特兰蒂斯一样突然消失，而目睹了整个过程的人会向左邻右舍和孩子描述自己所见，由此产生大陆沉没的传说。

12

今天，这片失落的大陆位于北海之下。几十万年前，多格滩还是一片干燥的陆地；而今，渔民们正在这片著名的渔场上撒网捕鱼，在水下的树干间捕捉鳕鱼和比目鱼。

更新世时期，大量海水被锁在冰川中，北海的海底一度变为低洼潮湿的陆地，被泥炭沼泽所覆盖。之后，森林一点一点地从附近的高地进入这片区域，因为除了苔藓和蕨类植物，这个地区还生长着柳树和桦树。熊、狼、鬣狗、野牛、美洲野牛、披毛犀牛和猛犸等动物从大陆向下迁徙，来到这片刚从海洋中独立出来的陆地上定居。原始人携带着粗糙的石器在森林中穿行，他们追踪鹿和其他猎物，用燧石挖掘潮湿树木的根部。

之后，冰山开始撤退，冰川融水形成的洪水涌入海洋，提高了海平面，这片陆地变成了一座岛屿。在岛屿与陆地之间的通道变得宽阔之前，人类逃离出去，把石器留在岛屿上。但大多数动物都留了下来，岛屿不可避免地一点一点缩小，食物也变得越来越稀缺，但这时已无路可逃。最终海洋淹没了岛屿，夺去了这片陆地及其上的全部生命。

那些成功逃跑的人类，可能曾经以原始的方式将这个故事讲给他人听，然后这个故事世代相传，直至成为民族记忆的一部分。

这些事实都没有被记录下来成为历史，直到一代人以前，欧洲渔民搬到北海中部并开始在多格滩上撒网捕鱼。他们开始了解到，水下约 60 英尺处存在一个几乎和丹麦一样大的不规则高原，边缘突然向海洋的更深处倾斜。接着，渔民的渔网开始打捞出许多其他任何渔场都没有的东西，比如渔民口中松散的泥炭块，其中还有很多骨头，虽然渔民无法鉴别其物种，但能看出来它们似乎属于大型陆地哺乳动物。这些东西会损坏渔网，妨碍打鱼作业，所以渔民们会尽可能地在岸上把它们拽下来，扔进深水里。但偶尔他们也会带回一些骨头、泥炭、木头碎片和粗糙的石器，这些后来被移交给科学家进行鉴定。

从这些奇特碎片中，科学家们辨认出完整的更新世动植物，以及石器时代人类使用的工具。基于北海曾是陆地的假说，他们建构了一个失落的岛屿多格滩的故事。

第六章　无尽的雪季

一首深刻而震颤的地球之歌。

——莱维琳·波伊斯

地球、空气或海洋的每一部分都有自己独特的环境，让它们呈现与众不同的特质。每当我想到深海海底，脑海中总会浮现出沉积物不断堆积的样子。我总是想象，一片又一片的物质持续不断地从海面缓慢下坠，层层叠叠堆积在海底。这个过程已经持续了数亿年，只要海洋和大陆还存在，它就会一直持续下去。

这些沉积物形成了有史以来地球最大规模的“降雪”。它始于第一场雨降落在荒芜的岩石上并侵蚀岩石之后。当生物在表层海水中活动，曾包裹着这些生命体的石灰质或者硅质外壳被抛弃，开始缓慢坠落到海底的时候，它的速度加快了。地球从生成之日便展开很多地质作用，由于时间充足，这些地质作用可以顺利完成。沉积物的累积就是其中一种。如果以一年或人类的一生来衡量，累积的沉积物微不足道；但如果以地球和海洋的漫长生命来衡量，那就非常可观了。

在所有地质时期，雨水、土壤侵蚀和湍急的浑水均贯穿始终，只是节奏和速度有所不同。构成沉积物的，除了每条入海河流携带的泥沙，还包括其他物质。上层大气中的火山灰，或许已经被风吹着环绕半个地球，最终停留在海洋上，随着洋流漂流，吸满海水并沉入海下。来自沿海沙漠的沙土，被海风吹向大海，落入海洋并沉入海下。冰川和浮冰携带的石子、鹅卵石、砾石和贝壳，在冰层融化后被释放到水中。铁、镍和其他流星碎片进入海洋上方的地球大气，最终也成为这场大雪中的雪花。最多的则是数十亿的微小贝壳和骨骼，也就是曾经生活在海面的所有微小生物的石灰质或硅质残骸。

1

这些沉积物堪称是地球的史诗。我们如果足够聪明，或许能从它们身上读出所有的历史。因为沉积物中记载着一切。沉积物组成物质的性质，以及各层物质的连续排列次序，反映了它们上面的水域和周围的陆地所发生的一切历史。地球历史上发生的剧变和灾难都在沉积物中留下了痕迹，比如火山喷发、冰川的前进后退、沙漠的灼热干旱以及洪水的大肆破坏。

自 1945 年以来，科学家们在收集和破译样本方面取得了可喜的成就，并有幸打开了这本由沉积物写成的大书。早期海洋学家利用疏浚机从海底刮取表层沉积物，但研究者们真正需要的是一种原理类似于苹果去核器的仪器，能够垂直进入海底取得长条样本或“岩芯”，而不打乱其中各层沉积物的排列次序。1935 年，C. S. 皮戈特（C. S. Piggot）博士发明了这种岩芯采样器，借助于它，他从纽芬兰至爱尔兰的太平洋深海中取得了一系列平均长度约 10 英尺的岩芯样本。大约 10 年之后，瑞典海洋学家库伦堡（Kullenberg）研发出一种活塞式岩芯取样器，可以获取 70 英尺长的连续岩芯。现在人们仍不清楚海洋各区域的沉积速度，仅能确认它沉积得非常缓慢。人类所获取的岩芯样本，无疑反映了数百万年的地质史。

哥伦比亚大学和伍兹霍尔海洋研究所的 W. 莫里斯 · 尤因（W. Maurice Ewing）教授使用了另一种巧妙的方法来研究沉积物。他发现，可以通过引爆深水炸弹并记录其回声来测量海底岩石上覆盖的沉积物厚度；其中，一个回声来自沉积物层顶部（表面海底），另一个回声来自“表面海底的底部”或者真正的岩石底。在海上携带和使用炸药是一种危险行为，并非所有船只都能尝试，但瑞典信天翁号和亚特兰蒂斯号在探索大西洋中脊的过程中使用了这种方法。尤因还在亚特兰蒂斯号上运用了地震波折射法，通过水平穿过海底岩石层的声波，来获取与岩石性质有关的信息。

在这些技术问世之前，我们只能猜测海底沉积物覆盖层的厚度。想象一下这场飘飘洒洒持续了无数年的轻柔“降雪”——沙粒一颗接着一颗，脆弱的贝壳一个接着一个，还有四处飘落的鲨鱼牙齿和陨石碎片，我们可以预料，沉积物一定堆积如山。这个过程有点类似于陆地山脉岩石层的形成。当时浅海经常淹没陆地，松软的沉积物在浅海海底形成，渐渐变得越来越密实，越来越坚固。后来海洋撤退，厚厚的沉积层留在陆地，在剧烈的地壳运动中上升、倾斜、压缩并破碎。有些地方的沉积岩厚度达到数千英尺。不过，当瑞典深海探险队的领队汉斯·佩特森（Hans Pettersson）宣布，信天翁号在开阔的大西洋盆地获得的测量数据显示沉积物层厚度达 12000 英尺时，这个发现仍然跌破很多人的眼镜。

2

如果大西洋底部的沉积物厚度不止 2 英里，一个有趣的问题就出现了：在沉积物的重压之下，岩石海底是否也会下沉相应距离？地质学家对此说法不一。最近发现的太平洋海底山脉或许可以证明，海底确实会下沉。如果这些海底山脉确实像发现者所说的，是“沉没的古岛”，那么它们可能是因为海底下沉，才下降到了当前海平面以下 1 英里左右的位置。赫斯认为，这些岛屿在很久之前就形成了，那时珊瑚还没出现；否则，珊瑚可能会在平坦的海底山脉表面定居，它们“造山”的速度和山底下沉的速度一样快。不管怎样，除非地壳因为重荷而下沉，否则很难想象这些山脉是如何被磨损到“波基面[①]”以下的。

或许存在一种可能——沉积物在时间和空间上的分布并不均匀。与在大西洋部分区域发现的 12000 英尺厚的沉积层相比，瑞典海洋学家从未在太平洋或印度洋发现厚度超过 1000 英尺的沉积层。或许这些区域的上层沉积物之下，隐藏着古代大规模海底火山喷发形成的深层熔岩层，并拦截了声波。

尤因公布了大西洋中脊沉积层厚度的有趣变化，以及从美洲到达大西洋中脊的路线。随着海底地形变得高低不平，并开始向上倾斜，形成大西洋中脊的丘陵地带，沉积物的厚度也随之增加，仿佛沿着山坡堆积起了 1000~2000 英尺深的大量沉积物。越往海脊的高山上去，就会发现许多几英里至二十几英里宽的台地，它们的沉积层更深，达到 3000 英尺。但在大西

① 波基面是指波浪对海底地形产生作用的下界，1/2波长堪称波浪作用的下限，该深度即为波基面。——编者注

洋中脊的主脉，陡峭的山坡、山峰和山尖上都是裸露的岩石，没有半点沉积物。

［1961 年版注：在大范围测量海底沉积物的厚度之后，海洋学家惊讶地发现，沉积物覆盖层的总厚度远低于他们的预估值。在太平洋的广大海域，沉积层（松散沉积物加上沉积岩）的平均厚度只有大约 0.25 英里（当然有些地区的沉积层会超出这个值）。大西洋大部分海域也差不多，而某些海域则几乎没有沉积物存在。几年前，几位海洋学家拍摄了大西洋深海底和东南太平洋复活节岛（Easter Island）岛脊上的锰结核[①]照片。有时这些结核的核心是可追溯到第三纪的鲨鱼牙齿，因此可能距今有 7000 万年的历史。当然，锰结核的生长速度，也就是在核心周围形成连续沉积层的速度，一定非常缓慢。据汉斯·佩特森估计，每 100 年只能生长 1 毫米左右。而在这些结核位于海底的那段时间，沉积物还没有积累到足以覆盖它们的深度。

科学家通过观察沉积物某些成分的放射活性衰变速率，来了解后冰河时期的沉积速率。如果从海洋形成以来就一直保持着这种沉积速率，那么沉积物的平均厚度应该比实际高很

---

① 锰结核，亦称为多金属结核，为海底岩石凝固物。——编者注

多。这是因为大部分的沉积物都溶解了吗？还是因为现存的大部分陆地被淹没的时间比我们预料的更久，因而有很长一段时间几乎未被侵蚀？除了上述两种观点，人们还对沉积物之谜提出其他解释，但是没有哪一种解释足以服众。也许序中所提的在海床上钻孔直到莫霍界面的大型工程，能为我们解惑。]

3

沉积物厚度和分布上的差异，让我们不由得回想起前面漫长降雪的比喻。这有点类似荒凉的北极苔原上肆虐的暴风雪，先是风雪交加，连续好些天；接下来，暴风雪开始平息，漫天只有小雪飘洒。深海沉积物降雪也有大小交替。大雪对应着陆地的造山运动时期，这时陆地升高，雨水从山坡上奔涌而下，携带滚滚泥浆和岩石碎片流入大海；小雪代表着造山运动的间歇期，这时陆地平坦，侵蚀缓慢。想象苔原上风吹着雪向深处移动，填满了山脊之间的所有山谷，直到逐渐堆积起来的积雪抹去了陆地痕迹，山脉越发凸显。“风”也对海底缓慢增加的沉积物贡献显著，“风”在海洋中可能是深海洋流，按照至今不为人所知的规律来分派沉积物。

早在多年前，人们已经知道了沉积层的一般分布模式。在陆地基础周围和大陆斜坡边缘的深水区，沉积物是来自陆地的泥土。这些泥土五颜六色，包括蓝色、绿色、红色、黑色和白色，根据气候以及起源地的主要土壤和岩石类型而明显不同。更远的海域中的沉积物主要来自海洋的软泥，基本由数万亿微小海洋生物的遗骸构成。温带海洋的海底大部分覆盖着有孔虫类等单细胞生物的遗骸，尤以抱球虫目（*Globigerina*）数量最多。不管是在极其古老的沉积物，还是在现代沉积物中，都能找到抱球虫的外壳，不过随着时间的推移，物种种类会发生变化。认识到这一点，我们可以大致确定它们所处沉积物的年代。不过，不管它们怎么演化，都一直是简单生物，生活在结构奇特的碳酸钙外壳中，个体非常微小，需要用显微镜才能看到身体的细节。像单细胞生物一样，抱球虫个体通常不会死亡，而是会通过分裂一分为二。每次分裂，旧外壳都会被抛弃，两个新的外壳随之形成。在富含石灰质的温暖海洋中，这些小生物以惊人的速度繁衍。无数微小的外壳，就此覆盖了数千英尺深处数百万平方英里的海底。

4

然而，海洋深处巨大的压力和深水中富含的二氧化碳，使大部分石灰质在到达海底之前就已被溶解，回归海洋巨大的化学储藏库中。相比之下，二氧化硅不那么容易溶解。这是与海洋有关的一个有趣悖论：大部分能够完整到达深海的有机物遗骸，都来自看似结构最脆弱的单细胞生物。放射虫让我们联想起雪花，因为它们像雪花一样图案千变万化，精致复杂。然而，由于它们的外壳是由二氧化硅而非碳酸钙构成的，它们可以安然无恙地下落到深海。因此，北太平洋热带深水区有宽阔的放射虫沉积层，位于放射虫最活跃的表层水域之下。

另外还有两种有机沉积物，同样由生物的遗骸构成，因而得名。硅藻是海洋中的微小植物，在寒冷的海水中长势最好。北冰洋海底有一条宽阔的硅藻沉积层，位于大片浮冰坠落的冰碛物区域之外。北太平洋也有一条硅藻沉积层，连续分布在阿拉斯加至日本的深海。这两个区域都有富含营养物质的海水从深处向上涌，供大量植物生长繁殖。和放射虫一样，硅藻被硅质外壳包裹，像一个个形状各异、精心雕刻的小盒子。

在宽广大西洋的浅海水域中也存在一片沉积层，由小巧的会游泳的海螺的残骸构成。这种生物属于翼足类，是长着翅膀的软体动物，拥有美丽的透明外壳，在世界各地广泛分布，数量异常丰富。翼足动物是百慕大附近海域特有的海底沉积物，南大西洋同样有一大片这样的沉积层。

无边海域神秘而怪异，尤其是北太平洋，它的底部覆盖着柔软的红色沉积物，其中有机残骸仅为鲨鱼牙齿和鲸耳骨。这种红色的沉积层出现在深海。其他沉积物可能在到达这个压力巨大且冰冷刺骨的地方之前就已经完全溶解了。

5

我们才刚刚开始解读沉积物中包含的故事。随着越来越多的岩芯样本被采集和检验，我们一定能破译更多激动人心的章节。地质学家指出，从地中海采集到的一系列岩芯样本，可能有助于解决一些与海洋和地中海盆地周围陆地的历史相关的争议。比如，在这片海洋之下的沉积层和边界清晰的沙层中，一定有证据揭示出撒哈拉沙漠形成的时间，以及干燥炙热的风开始攫取不断变化的沙漠表面的沙子，并把它们带到海洋的时间。最近在阿尔及利亚附近的地中海西部海域获得的长岩芯样本，记录了数千年前的火山活动，包括我们一无所知的史前火山大爆发。

十多年前，皮戈特乘坐电缆铺设船开尔文勋爵号，采集到了大西洋岩芯样本，地质学家已经对这些样本进行了彻底研究，从而得以回溯大约 1 万年前的历史，并感受地球气候周期性规律的脉动。这些岩芯是由冷水抱球虫生物群沉积层（因此属于冰期沉积物）与温暖水域的抱球虫沉积层交替组成的。

根据它们提供的线索，我们可以想象，间冰期拥有温和的气候，温暖的海水覆盖着海底，喜温动物生活在海洋里。而在冰河时期，海洋变得寒冷。云层聚集，雪花飘落，北美大陆上的大冰原越来越大，冰山向海岸移动。冰河宽阔的前缘抵达海洋，形成了数以千计的冰山，缓慢向大海进发。由于当时地球上大部分地区都很冷，这些冰山走得比现在的大多数冰川更南。当它们最终融化，会释放它们在陆地上蜿蜒前行时冻在底部的大量淤泥、沙子、砾石和岩石碎片。于是，一层冰川沉积物覆盖在正常的抱球虫沉积层上，铭刻了冰河时期的印记。

然后，海洋再次变暖，冰川融化后退，抱球虫的暖水物种再次出现在海洋中——它们死后会缓慢下落，形成另一层抱球虫沉积层，覆盖在冰川带来的黏土和碎石之上。温暖和温和气候的记录又一次被书写在沉积物中。根据皮戈特的岩芯样本，我们可能重建被温暖的气候分隔开的冰川前进的四个不同时期。

即使现在，在我们的有生之年，一场新的暴风雪的雪花正一片接一片地飘落到海底，这是饶有趣味的。数十亿的抱球虫向下飘降，明确地写下它们的记录，即我们现在的世界总体上是一个气候温和的世界。1 万年后，又将是谁翻阅这一记录呢？

第七章　岛屿的诞生

一定有许多绿岛
出自广袤的深海……

——雪莱

数百万年前，一座火山在大西洋海底建造了一座山峰。经过一次又一次的喷发，它堆积起大量的火山岩，直至达到100英里厚，向上延伸到海面。最后，它的锥体变成了一座面积约200平方英里的岛屿。千年复千年，几千年弹指而过。最终，大西洋一波又一波的白浪切断了这个锥体，把它变成了一座浅滩——只剩一个碎片位于水面之上，我们称之为百慕大岛。

几乎每一座远离陆地的海中岛屿都重复上演着百慕大的故事。岛屿的命运往往很短暂，朝生暮死。它们大多是海底火山猛烈爆发、地动山摇的产物，可能经历了数百万年才形成如今的规模。这也是地球和海洋的一个悖论：看似毁天灭地，却创造出新生事物。

岛屿一直让人类沉迷倾倒。或许，这是人类作为陆地动物的本能反应，在茫茫大海中看到一块小小的陆地，都会欣喜若狂。假如我们在巨大海洋盆地中航行，脚下是数英里的深水，最近的陆地在 100 英里之外，前方突然出现一座岛屿。我们的想象力可以顺着岛屿的斜坡，向下穿过逐渐变暗的水域，来到它立足的海底。我们想知道，它是因为什么原因，通过何种方式，才能从海洋中升起。

1

火山岛的诞生伴随着漫长而剧烈的阵痛：陆地的能量想要突破地表束缚，生成新陆地，而海洋集中所有力量与之对抗。孕育岛屿的海底可能不超过 50 英里厚，是一层薄薄的地壳。海底有深深的裂缝，是过去地壳在不同时期不均匀的冷却和收缩产生的结果。沿着这些脆弱的裂缝，地球内部的熔融岩浆向上挤压，最终喷发到海洋中。但海底火山不同于陆地火山，陆地火山中，岩浆、熔岩、气体和其他喷出物通过一个开阔的火山口被抛向空中；而海底火山则承受着上面海水的全部重量。尽管可能承受着两三英里深的海水的巨大压力，但随着熔岩不停地涌动，新的火山锥还是被堆积形成，并向着海面生长。一旦生长到海浪所及，它柔软的火山岩和凝灰岩就会受到猛烈冲击。可能在很长一段时间内，这座未来的岛屿都是一片无法露出水面的浅滩。但最终，经过某一轮新的火山喷发，火山锥最终还是被推出海面，接触到空气，坚硬的熔岩筑起了抵御海浪侵袭的堡垒。

航海图上标记了许多最新发现的海底山脉，其中很多都是过去地质时期形成的岛屿的水下遗迹。航海图也显示了至少5000 万年前出现在海洋中的岛屿，以及其他我们有记忆的岛屿。在航海图上标出的海底山脉中，明天的岛屿可能正在海底悄无声息地形成，并向着海面生长。

由于海洋中的海底火山喷发远未结束，且非常频繁，它们有的只能通过仪器探测到，有的即使是最不经意的观察者也能发现。在火山地带行驶的船可能突然发现，自己置身于剧烈扰动的水中，海面释放出大量蒸汽，海洋似乎在冒泡或沸腾，海水形成剧烈的湍流，喷泉从海面涌出，鱼类和其他深海生物的尸体、大量火山岩和浮石，从深海中某个隐藏的喷发地点浮出水面。

南大西洋的阿森松（Ascension）岛是世界上最年轻的大型火山岛之一。第二次世界大战期间，美国领航员之间流行着这样一首歌：

如果我们找不到阿森松，

我们的妻子就得去领抚恤金。

这座岛是巴西和非洲西侧突出部分之间唯一的一片干燥陆地。它由一堆令人望而生畏的火山渣组成，岛上有不下 40 个死火山口。它并非始终这样寸草不生，因为它的山坡上有树木的化石遗迹。没有人知道这些森林后来遭遇了什么。1500 年左右，第一批到达这座岛的人就发现，岛上没有一棵树。如今除被称为绿山（Green Mountain）的最高峰外，岛上已经没有任何天然的绿色植被。

2

现代以来，我们并未见过如阿森松岛这样大的岛屿诞生，但偶尔也能听闻某座小岛凭空出现。或许 1 个月、1 年或 5 年之后，它又再次消失在大海中。这些早夭的小岛注定只能在海面上昙花一现。

19 世纪 30 年代左右，地中海西西里岛和非洲海岸之间，经历火山活动之后，从 100 英寻深处升起了一座小岛。它几乎就是一堆约 200 英尺高的漆黑煤渣，受到海浪和风雨的侵袭。它柔软多孔的质地无力抵挡，很快被吞噬，沉入海面以下。现在它在航海图上被标记为格雷厄姆珊瑚礁（Graham’s Reef）的浅滩。

猎鹰岛（Falcon Island）是一座火山的顶端，位于澳大利亚以东近2000英里的太平洋上，它在1913年突然消失。13年后，在附近发生剧烈的火山喷发后，它突然再次浮出海面，直到1949年以前一直是大英帝国的一部分。后来，它又消失了。

火山岛几乎从它诞生的那一刻起就注定要灭亡。它自己的身体内就埋藏着毁灭的根源，新的爆炸或柔软土壤的滑坡都可能大大加速它的解体。岛屿会昙花一现，还是会饱经风霜，可能取决于外部力量：侵蚀最高耸的陆地山脉的雨水、海洋，以及人类。

南特立尼达（Trinidad）岛就是一个例子。这座岛屿位于巴西里约热内卢东北方向约1000英里处的开阔大西洋中，历经数百年风化，被大自然雕刻成奇形怪状，呈现出明显的侵蚀迹象。E. F. 奈特（E. F. Knight）在1907年写道，特立尼达岛“从里到外都在腐烂，它已经被火山和海水分解，它的每一部分都在瓦解”。9年后奈特再次到访，发现整个山坡已在一次山崩中崩塌，到处都是破碎的岩石和火山碎屑。

3

有时，岛屿的解体会突然暴烈地发生。发生在印度尼西亚喀拉喀托（Krakatoa）火山岛上的火山爆发事件，是史上最剧烈的一次，整个岛屿直接土崩瓦解。这座岛屿位于爪哇岛和苏门答腊岛之间，即在巽他海峡上，1680 年曾发生过一次有预兆的火山喷发。200 年后，这里又发生了一系列地震。1883 年春天，烟雾和蒸汽开始从火山锥的裂缝中喷出。地面明显升温，火山发出了警告的隆隆声和嘶嘶声。然后，8 月 27 日，喀拉喀托火山爆发了。可怕的火山爆发持续了两天，火山锥体的北半部分全部消失。突然涌入的海水在火山口产生了激烈的过热水流。当地狱般的白热的熔岩、蒸汽和烟雾终于停止时，这座原本海拔 1400 英尺的岛屿变成了海平面以下 1000 英尺的空洞。只有前火山口的边缘处，还保留着一些岛屿的遗迹。

全世界见证了喀拉喀托火山岛的毁灭。火山喷发掀起了 100 英尺的海浪，将海峡沿岸的村庄夷为平地，造成数万人死亡。印度洋沿岸和合恩角都感受到了海浪的威力；它绕过合恩角进入大西洋，向北加速前进，甚至来到了遥远的英吉利海峡。爆炸的声音在菲律宾群岛、澳大利亚和近 3000 英里以外的马达加斯加岛都能听见。喀拉喀托火山岛中心的岩石粉末变成火山灰云团，上升到平流层并被带到世界各地，接下来近一年的时间里，各国都能看到一系列壮观的日落景象。

尽管喀拉喀托火山岛的消逝为众人瞩目，是现代人见过的最猛烈的火山喷发，但喀拉喀托火山岛自身似乎形成于更大规模的火山喷发。有证据表明，巽他海峡曾是一座巨大的火山。在某个遥远的过去，一场剧烈的爆炸将它炸毁，只留下一圈破碎的岛屿，其中最大的就是喀拉喀托火山岛。它的毁灭使残存的火山口环也消失不见。但 1929 年，这里出现了一座新的火山岛——阿纳克喀拉喀托（Anak Krakatoa）火山岛，喀拉喀托火山岛之子。

4

海底火山活动和深海地震扰乱了阿留申群岛所在的整个区域。这些岛屿本身就是一座海底山脉的山峰，它因火山活动而形成，绵延数千英里。我们仍不知道海底山脉的地质结构，但我们知道，它突然从海底深处升起，一侧深约 1 英里，另一侧深约 2 英里。显然，这个狭长的山脊在地壳的深深裂缝上。现在许多岛屿上的火山仍处于活跃状态，或者只是暂时休眠。人类直到近代才在该地区通航，时不时会有新岛屿冒出，但也许到第二年就销声匿迹了。

博戈斯洛夫（Bogoslof）岛自 1796 年首次被发现以来，其形状和位置已经数次发生改变，甚至完全消失，然后又再次出现。最初它是一大块黑色的岩石，看起来像一座奇特的高塔。探险家和海豹猎手在迷雾中偶然来到岛上，看到它像一座城堡，便命名为城堡岩（Castle Rock）。如今，城堡只剩下一两个尖顶和黑色岩石构成的长海岬，海狮经常在这里出没，高耸的岩石群中回荡着成千上万只海鸟的叫声。自从人类观察到主火山喷发以来，它已经至少喷发了六次，每次都会有新的热气腾腾的岩块从炽热的海水中冒出来，有些达到几百英尺高，直到被下一次喷发的物质所覆盖。正如火山学家贾格尔（Jaggar）所说："每一个新出现的火山锥都相当于一个火山口，是 6000 英尺高的山峰，由大型海底熔岩堆积在白令海的海底而形成，阿留申山脉就从那里没入深海。"

人们普遍认为，海洋岛屿起源于火山喷发，但圣保罗群岩似乎是个例外。这一组奇特而美丽的小岛，位于巴西和非洲之间的辽阔大西洋上，从海底隆起，挡在湍急的赤道流路径中，这道洋流畅通无阻翻滚了 1000 英里，迎头撞上这个庞然大物后砰然碎裂。整个群岩长度不超过四分之一英里，呈现马蹄状弧形。最高的岛屿高度不超过 60 英尺，飞溅的海水能打湿它的山峰。群岩沿岸陡然下降，峭壁伸入深海。从达尔文时代起，地质学家就对这些被海浪冲刷的黑色小岛的起源感到困惑。大多数地质学家认为，这些小岛的组成物质和海底相同。可能在遥远的古代，在地壳中巨大应力的作用下，某块坚硬的岩体被抬升了 2 英里多。

圣保罗群岩地表连地衣都不长，光秃秃的，显得十分荒凉。这里似乎根本不可能找到蜘蛛，遑论看到蜘蛛织网试图诱捕路过的昆虫。然而，1833 年达尔文在考察群岩时发现了蜘蛛。40 年后，英国皇家海军挑战者号上的博物学家也报告说发现了正忙着结网的蜘蛛。岛上也有一些昆虫，包括寄生在海鸟（有 3 种海鸟在群岩上筑巢）身上的昆虫，其中一种是以羽毛为食的棕色小蛾子。这些几乎就是圣保罗群岩上的全部居民。此外，还有一种奇形怪状的螃蟹聚集在小岛上，主要以鸟类为了抚育幼崽而捕食的飞鱼为食。

5

圣保罗群岩并非唯一有多种生物栖居的地方，因为海洋岛屿上的动植物种类与陆地上的动植物种类天差地别。海岛生物的模式既奇特，又具有重要意义。除人类最近引入的一些生物外，远离陆地的偏远岛屿从未有任何陆地哺乳动物居住，只偶尔有一种会飞的哺乳动物——蝙蝠来访。这里也从来没有青蛙、蝾螈或其他两栖类动物出现过。爬行动物中，可能有少数几种蛇、蜥蜴和海龟出现过，但海岛距离陆地越远，爬行动物就越少，而真正与世隔绝的岛屿上没有任何爬行动物，通常只有几种陆地鸟类、昆虫和蜘蛛。南大西洋的特里斯坦——达库尼亚群岛便是如此，它距离最近的大陆 1500 英里，除 3 种陆地鸟类、几种昆虫和几种小海螺以外，再见不到任何其他陆地动物。

一些生物学家认为，以前岛屿与大陆之间可能通过陆桥相连，大陆生物也是借由此通道迁徙到岛上。但即便已有充分证据证明陆桥的存在，考虑到上面少得可怜的生物品种，我们也难以采信这种说法。岛上完全找不到那些不能涉水、只能通过假想中的陆桥迁移的生物。此外，我们在海洋岛屿上发现的动植物可能是随风或水而来的。或者，我们必须假设，岛上的动植物一定经历了地球历史上最奇怪的迁徙——这场迁徙始于人类出现之前，至今仍在继续，它看起来更像是一系列偶然事件，而非井然有序的自然规律。

我们只能猜想，一座火山岛出现在海上之后，需要多久才会出现生命栖居。当然，原始状态下的岛屿严酷荒凉，条件恶劣，是一片人类前所未见、见则生厌的土地。它的火山岩山坡上没有任何生物活动，它裸露的熔岩地表没有任何植物覆盖。但是渐渐地，开始有动植物乘风破浪，搭乘圆木或者顺水漂流，从遥远的陆地来到这座岛屿。

大自然是如此不急不慌，如此从容不迫，如此不可阻挡，一座岛屿可能需要数千年或者数百万年，才能凑齐岛上的生物。在亿万年里，陆龟等特定生物成功登岛的次数可能不超过6次。如果不了解这个过程有多么严谨，我们就不能理解，为何人类无法持续不断地见证这些生物的到来。

然而，我们偶尔也能瞥见生物迁徙到岛上的方式。在刚果河、恒河、亚马孙河和奥里诺科（Orinoco）河等大型热带河流的河口1000多英里外，人们经常看到连根拔起的树木、乱蓬蓬的植被等天然木筏漂浮在海上。这些木筏可以很容易地运载各种昆虫、爬行动物或者软体动物。有些非自愿的乘客可能能够忍受长达数周的海上航行，有些可能会在旅程的最初阶段死去。最能适应乘木筏旅行的生物可能是木蛀虫，它是海岛上最常见的昆虫。木筏上最可怜的乘客一定是哺乳动物，但它们也能在岛间短距离活动。喀拉喀托火山岛爆发的几天之后，人们从巽他海峡漂流的木板上救起一只小猴子。它被严重烧伤，但最终还是挺了过来。

6

与水一样，风和气流在将生物带到岛上的过程中也功不可没。在人类搭乘飞机进入上层大气之前，那里曾是一个交通拥挤的地方。在距离地面数千英尺的高空，挤满了生物，它们飘移、飞翔、滑翔、腾空飞跃，或者在强风中不由自主地旋转。人类直到设法进入高空之后，才发现了丰富的空中浮游生物。科学家们通过使用特殊的网和陷阱，已经从高层大气中收集了许多在海岛上栖息的生物。蜘蛛在这些岛屿上不变的存在是一个值得关注的问题，人们在距离地面近 3 英里的地方捕捉到了蜘蛛，飞行员在空中 2~3 英里高处穿过了大量白色的丝状蛛网。人们也在海拔 6000~16000 英尺，风速达到 45 英里 / 时的地方采集到了许多活体昆虫样本。它们可能已经在这样的高度，被强风运送了数百英里。人们还在海拔 5000 英尺的地方收集到了种子，其中最常见的是菊科植物的种子，尤其是海岛上典型的“蓟种子冠毛”。

关于风输送活体动植物，一个有趣的事实是，地球上层大气中风的方向与地面风的方向不尽相同。信风特别浅，所以一个人如果站在距离海面 1000 英尺高的圣赫勒拿岛的悬崖上，他就位于信风的上方，而风在他下方猛劲儿地吹着。昆虫、种子之类的东西一旦被吸入高空，就容易被带到与岛上盛行风方向相反的地方。

在迁徙途中到访海岛的众多鸟类，可能也与植物的分布有很大关系，甚至可能与一些昆虫和微小的陆地贝壳类生物的分布有关。达尔文利用一团取自鸟类羽毛的泥球培育出了 82 种不同的植物，它们分属五个不同的物种。许多植物的种子都有钩子或者小刺，非常适合附着在羽毛上。太平洋金斑鸻等鸟类每年都从阿拉斯加大陆飞到夏威夷群岛甚至更远的地方，这些鸟类或许可以解开植物分布的许多谜题。

喀拉喀托火山岛的大灾难为博物学家提供了一个绝佳的机会来观察岛屿上栖息的生物。由于大部分岛屿被毁坏，残余的部分被一层厚厚的熔岩和火山岩覆盖，高温持续数周之久，从生物学角度来看，1883 年火山爆发后的喀拉喀托火山岛是一座新的火山岛。科学家们刚踏上这座岛，就四处寻找生命的迹象，尽管他们很难想象生物如何能够幸免于难。不过他们没有找到一个植物或动物。直到火山喷发 9 个月后，博物学家科托（Cotteau）才报告说："我只发现了一只微小的蜘蛛，而且只有一只。它正忙着织网。"由于岛上没有昆虫，这只大胆的小蜘蛛结网大概也是徒劳。20 多年时间里，除几片草叶外，喀拉喀托火山岛上几乎没有任何生物。然后殖民者开始来到这里——1908 年出现了少数哺乳动物，多种鸟类、蜥蜴和蛇，以及各种软体动物、昆虫和蚯蚓。荷兰科学家发现，喀拉喀托岛上栖息的动物 90% 是通过风的输送到来的。

7

大陆上的生物通过杂交繁育后代，如此将正常性状保留下来，淘汰新兴或变异性状。而由于岛屿与陆地隔绝，缺少这种机会，这里的生物因而以一种独特的方式进化。在这里，大自然擅长创造奇形怪状的生物。似乎是大自然为了证明自己多才多艺，几乎每座岛屿都演化出了特有的物种，在其他任何地方都难觅其踪迹。

年轻的达尔文正是在观察科隆群岛上的生物之后，第一次隐隐触摸到了物种进化的伟大规律。他看到岛上很多奇怪的动植物，如巨型陆龟、在海浪中捕食的神奇的黑色蜥蜴、海狮和种类繁多的鸟类，达尔文惊讶于它们与南美洲和中美洲陆上物种的相似性，又迷惑于它们与后者之间的差异。非但如此，这些动植物与科隆群岛其他岛屿上的生物也有所不同。多年后，达尔文在回忆录中写道：“在空间和时间尺度上，我们似乎都在某种程度上距离那个伟大的真相，也就是玄之又玄的地球上新生命的首次出现之谜，更近了一步。”

在岛屿进化出的“新物种”中，最引人注目的是鸟类。在人类出现之前的某个遥远的年代，一种类似鸽子的小鸟来到了印度洋的毛里求斯岛。它经历了某种不为人知的变化，失去了飞行的能力，进化出短而粗壮的腿，体型也越来越大，和现代火鸡差不多大。这就是传说中渡渡鸟的起源。它在人类登上毛里求斯岛不久后就灭绝了。另外还有恐鸟，长得像鸵鸟，有 12 英尺高。从第三纪早期开始，恐鸟就在新西兰一带生活；毛利人到达后，岛上剩余的恐鸟很快消失了。

其他岛屿生物的体型也变得越来更大。加拉帕戈斯象龟或许在到达海岛后就变成了庞然大物，尽管它在陆地上残留的化石并非如此。在孤岛上与世隔绝的常见后果就是翅膀失去用途，甚至进化成没有翅膀本身（恐鸟就没有翅膀）。生活在被风吹拂的岛上的昆虫往往失去了飞行能力，因为会飞的昆虫有被风吹到海里的危险。科隆群岛上有 1 种不会飞的鸬鹚。仅在太平洋岛屿上就有至少 14 种不会飞的秧鸡。

8

岛屿物种最有趣、最吸引人的特点之一就是它们异常温驯，这是由于它们缺乏与人类打交道的经验，即使受到惨痛的教训，也难以很快改弦易辙。1913 年，博物学家罗伯特·库什曼·墨菲（Robert Cushman Murphy）指挥捕鲸船黛西号登陆南特立尼达岛时，燕鸥落在船员头上，好奇地打量着他们的脸。舞姿优雅的黑背信天翁允许人们在自己的领地间行走，并在对方礼貌问候时庄重地鞠躬回应。一个世纪后，英国鸟类学家大卫·拉克（David Lack）来到科隆群岛，发现老鹰允许人类碰触自己，而鹟鸟试图拔下人类的头发筑巢。他写道："让野鸟落在肩膀上，这样的快乐可不常有。要不是人类破坏性太强，这种快乐本不会如此稀缺。"

不幸的是，人类作为海岛的破坏者，劣迹斑斑。人类每踏上一座岛，基本都会带来灾难性的变化。人类砍伐、清理和焚烧树木，破坏了环境；人类偶然带来了凶恶的老鼠；人类几乎无一例外地在到达的海岛上放养船上的所有物种，比如山羊、猪、牛、狗、猫和其他非本土动植物。对于岛上一个又一个的物种来说，厄运天降。

在地球上，少见比海岛生物和环境之间更微妙的平衡关系。海岛的环境很是单一。在茫茫大海中，洋流和风自有规律，气候几乎一成不变，天敌也很少或根本没有。陆地生命习以为常的严酷生存斗争，在海岛上却大为缓和。如果这种温和的生活模式突然发生变化，岛上的生物几乎没有能力及时做出生存所需的调整。

恩斯特·迈尔（Ernst Mayr）讲述了 1918 年一艘汽船在澳大利亚东部豪勋爵岛（Lord Howe Island）附近失事后的故事。船上的老鼠游上岸，只用了两年时间就几乎消灭了所有本土鸟类。一位岛民写道：“曾经的鸟类天堂变成了荒野，死亡的寂静取代了生命的优美旋律。”

9

特里斯坦-达库尼亚群岛上，各个时代进化出来的所有独特的陆地鸟类几乎都被猪和老鼠消灭殆尽。塔希提（Tahiti）岛上的本土动物在人类引入的成群外来物种面前节节败退。本土动植物消失最快的是夏威夷群岛，这也是干扰自然平衡的典型恶果。几个世纪以来，岛上动物与植物、植物与土壤的特定关系网已形成。当人类到来并粗鲁地破坏这种平衡之后，就引发了一连串的连锁反应。

探险家把牛羊带到了夏威夷群岛，对当地森林和植被造成了巨大破坏。许多外来植物的引入也产生了同样的恶果。据报道，多年前一位名叫马基（Makee）的船长引进一种名为“帕玛卡尼”的植物，来装饰他在毛伊（Maui）岛的美丽花园。帕玛卡尼的种子很轻，靠风传播，它们很快就从船长的花园里逃逸出来，毁掉了毛伊岛上的牧场，又从一座岛跳到另外一座岛。民间资源保护队[①]的男孩们曾被派去清理火奴鲁鲁森林保护区中的这种植物，但就在他们摧毁的同时，新的种子随风而至。另一种作为观赏物种引进的植物是马樱丹。虽然政府花费巨资引进寄生昆虫来控制它，但这种长满刺的蔓生植物已覆盖了数千英亩[②]土地。

夏威夷群岛曾经有一个专门引进外来鸟类的协会。如果你现在去岛上，你看到的不是本地鸟类，而是来自印度的八哥，来自美国或巴西的红雀，来自亚洲的鸽子，来自澳大利亚的织巢鸟，来自欧洲的云雀和来自日本的山雀。大多数本土鸟类已经灭绝，要想找到幸存者，你只能去最偏远的山区大海捞针。

面对外来物种入侵，岛上的一些物种只能苟延残喘。莱岛鸭（Laysan duck）只生活在莱桑（Laysan）岛这座小岛上，并且只生活在岛上有淡水渗出的一端。这个物种的总数量可能不超过 50 只。破坏它赖以生存的小型沼泽地，或者引入它的

① 1933年罗斯福总统上台后，为了应对大萧条，减少失业人口，实行罗斯福新政，其中就包括组建民间资源保护队，从事保护自然资源的工作。——编者注

② 1英亩≈4046.86平方米。——编者注

敌对或竞争物种，就可以轻易将它送上绝路。

人类惯于随意引入外来物种，破坏自然平衡，这大多是源于人们不清楚它会带来的致命后果。至少现在，我们应当从历史中吸取教训。1513 年左右，葡萄牙人把山羊引入刚发现不久的圣赫勒拿岛，当时岛上长着大片的产胶树、乌木和巴西苏木森林。到了 1560 年左右，山羊数量激增，成千上万只山羊连绵 1 英里，在岛上游荡。它们到处踩踏小树，啃吃树苗。这时，殖民者已经开始砍伐和烧毁森林，因此很难说人类和山羊谁需要为森林的破坏负更大的责任。但结果是毫无疑问的。到了 19 世纪初，森林消失了，博物学家阿尔弗雷德·华莱士（Alfred Wallace）后来将这个曾被森林覆盖的美丽火山岛描述为“岩石沙漠”，残余的原始植物只见于最人迹罕至的山峰和火山口边缘。

10

1700 年左右，天文学家哈雷访问大西洋诸岛，把几只山羊带到了南特立尼达岛上。在没有人类干预的情况下，森林迅速迎来了灭顶之灾，在 20 世纪几乎彻底消亡。今天，特立尼达岛的山坡已经毫无生机，到处都是枯死已久的树木倒下的、腐烂的树干；失去了盘根错节的树根固定，岛上柔软的火山土壤在雨水冲刷下不断滑向大海。

太平洋岛屿中最有趣的一座岛是莱桑岛，在夏威夷群岛岛链最外围。这里曾经有一片檀香木和扇叶棕榈的森林，有五种陆地鸟类，都是莱桑岛特有物种。其中就有莱桑岛秧鸡，体型小巧，不超过 6 英寸高，翅膀小（从未被当作翅膀使用），脚很大，声音像是远远传来的铃声。大约在 1887 年，一艘来访船只的船长将一些秧鸡转移到莱桑岛以西约 300 英里外的中途岛，建立了秧鸡的"备份"。这显得很有先见之明，因为不久以后，兔子就被引入了莱桑岛。兔子仅用了 30 多年就毁灭了小岛上的植被，使小岛退化成沙漠，自己也几近灭绝。而秧鸡也自然难逃劫难，莱桑岛最后一只秧鸡大概死于 1924 年。

原本莱桑岛还可能借助中途岛备份重建物种，遗憾的是，同样的悲剧在中途岛也上演了。在太平洋战争期间，老鼠通过船只和登陆舰来到一座又一座岛屿。它们在 1943 年入侵了中途岛，屠杀成年的秧鸡，吃掉鸟蛋，杀害幼鸟。世界上最后一只莱桑岛秧鸡出现在 1944 年。

海岛的悲剧在于，岛上物种是在漫长的岁月里进化出来的，具有独特性和不可替代性。在一个理智的世界里，人们会把这些岛屿视为珍宝，当作充满美丽而奇特艺术品的自然博物馆，它们的价值无法用金钱来衡量，因为世界上任何地方都找不到复制品。或许 W. H. 哈德逊（W. H. Hudson）为阿根廷潘帕斯草原上的鸟类所做的挽歌更适合这些岛屿：“美丽已逝，一去不回。”

第八章 古海洋的形状

直到海面上移，峭崖崩塌；
直到大地草原隐没于水下。

——斯温伯恩

我们生活在一个海平面上升的时代。自 1930 年以来，美国国家大地测量局在美国海岸布置的所有潮位计都记录下了海平面的持续上升。在从马萨诸塞州到佛罗里达州的数千英里范围内，以及在墨西哥湾的海岸，1930 年至 1948 年间海平面上升了约三分之一英尺。太平洋沿岸的水位也在上升，只是相对缓慢。潮位计显示的，不是风和暴风雨引起的海水短暂的前进后退，而是海洋向陆地持续稳定地前进。

海平面上升的证据既有趣又令人兴奋，因为在人类短暂的生命中，很少能真正地观察和测量一个伟大地球节律的进程。现在发生的一切都并非首次发生。在漫长的地质时期里，海水曾多次登陆北美，又再次退回海洋盆地。因为海洋和陆地的边界是地球上最无常的特征，而海洋一直在反复侵入陆地。

海水像大型潮汐一样起起落落，有时吞没半个陆地，不愿退潮，以一种既神秘又无限深思熟虑的节奏移动。

现在，海洋又一次过满，它溢出海洋盆地的边缘，填满与大陆接壤的浅海，如巴伦支海、白令海和南海。海水从四面八方进入内陆，形成哈得孙湾、圣劳伦斯湾、波罗的海和巽他海等内陆海域。在美国的大西洋沿岸，哈得孙河和萨斯奎哈纳（Susquehanna）河等许多河流的河口被前进的海水淹没。古老的水下通道隐藏在切萨皮克湾和特拉华湾等海湾之下。

1

潮位计所清晰记录的海水前进，可能只是数千年来海平面长期上升过程的一部分，也许早在最近的冰河时期中形成的冰川开始融化时，这个过程就已开始了。但直到最近几十年，世界各地才有了测量工具。即使是现在，从整个世界来看，潮位计的数量也很少，而且分布分散。由于世界上此类记录数据很少，人们尚不知道自1930年以来在美国观察到的海平面上升，是否在其他大陆也是通例。

没有人知道，何时何地海洋才会停止前进，并重新开始缓慢地退回到海盆。如果北美洲海平面上升100英尺（现在陆地冰盖中储存的水足以实现这一点），大西洋沿岸的大部分地区（包括城镇）将被淹没。海浪将撞击阿巴拉契亚山脉的山麓，墨西哥湾的沿岸平原将淹没在水下，密西西比河谷较低的部分将被淹没。

而如果海平面上升 600 英尺，美洲大陆东部的大片区域将消失在水下。阿巴拉契亚山脉将变成一个岛链。墨西哥湾流将向北缓缓移动，最终，从大西洋而来、穿过圣劳伦斯山谷进入北美五大湖的水流将与其在大陆中部汇合。加拿大北部大部分将被北冰洋和哈得孙湾的海水覆盖。

这一切看起来非同寻常，而且可能导致灾难发生。但事实上，北美洲和多数其他大陆都经历过比上述更广泛的海洋入侵。地球历史上最大规模的海水泛滥可能发生在大约 1 亿年前的白垩纪时期。海水从北、南和东等方向向北美洲推进，最终形成一个大约 1000 英里宽的内海，从北极延伸到墨西哥湾，然后向东扩散，覆盖了墨西哥湾至新泽西州的沿岸平原。在高峰期，大约一半的北美洲被淹没。全世界的海平面都在上升。它们淹没了不列颠群岛的大部分地区，只有零星的古老岩石幸存于水面。在欧洲南部，除了少许古老的岩石，海水入侵了长长的海湾，甚至进入陆地中部的高地。海洋进入非洲并沉积了大量砂岩，后来这些岩石风化，形成了撒哈拉沙漠的沙子。一片内海从被海水浸没的瑞典出发，流经俄罗斯，覆盖了里海，一直延伸到喜马拉雅山脉。印度、澳大利亚、日本和西伯利亚的部分地区也被淹没。南美洲大陆上，安第斯山脉的前身也被海水覆盖。

这些事件一次又一次上演，不过程度、范围和细节各有不同。约 4 亿年前，非常古老的奥陶系海洋淹没了大半个北美洲，只留下几座大型岛屿，标记着陆地的边界，还有一些零星分布的小型岛屿从内海中升起。泥盆纪和志留纪时期的海水入侵规模也不相上下，但方式略有不同，让人不禁怀疑，是否有哪片陆地从未陷入海水的魔掌中。

2

你无须长途跋涉去寻找大海，因为古老海洋存在的痕迹无处不在。即使身处距离大海 1000 英里远的内陆，你也可以轻易发现海洋的遗迹在重现远古的惊涛骇浪。在宾夕法尼亚州的山顶上，我坐在由数十亿微小海洋生物的外壳形成的白色石灰岩上。这些微小的生物曾在覆盖此地的海湾里生存，死亡，它们石灰质的残骸沉入海底。经过亿万年的时间，残骸被挤压成岩石，海洋也已退去。又过了数十亿年，岩石因地壳的运动而抬升，形成一条长长的山脉的山脊。

在佛罗里达大沼泽地的深处，我一直对向我奔来的大海感到好奇，直到我意识到脚下的陆地也是一样的平坦，一样的广阔，一样被天空和变幻的云彩支配；我一直思索着，直到我想起脚下坚硬的岩石，时不时冒出隆起的锯齿状的珊瑚岩块，这些珊瑚岩块是最近由勤勉的珊瑚虫在温暖的海洋下建造而成的，覆盖着稀疏的海草和薄薄的一层海水。到处都给人一种感觉，即陆地只是海底平台上形成的最薄的一层外壳，这一过程随时可能逆转，海洋将重新收复失地。

因此，在所有陆地上，我们都可以感受到海洋曾经的存在。2 万英尺高的喜马拉雅山上，有着刚刚露头的海洋石灰岩。这些岩石让我们回忆起曾覆盖欧洲南部和非洲北部，并延伸到亚洲西南部的温暖清澈的海洋。大约 5000 万年前，大量被称为货币虫的大型原生动物聚集在这片海域，它们的遗骸成就了厚厚的钱币虫石灰岩层。亿万年之后，古埃及人用这种岩石雕刻出了狮身人面像；他们还开采了同样的石材，以获得建造金字塔的材料。

3

英国多佛著名的白色悬崖，是由白垩纪时期海洋中沉积的白垩组成的，也就是我们刚才提到的大洪水。白垩沉积物从爱尔兰延伸至丹麦和德国，最终在俄罗斯南部形成最厚的岩层。它由一种被称为有孔虫的微小海洋生物的外壳组成，这些外壳与质地细腻的碳酸钙沉积物黏合在一起。与覆盖大片中等深度海底的有孔虫软泥相比，白垩似乎是浅海沉积物，但从它纯净的质地来看，它周围的陆地一定是地势低洼的沙漠，几乎没有什么物质从沙漠流入海洋。白垩中常见的风载石英砂颗粒也证明了这一点。一定高度处的白垩含有燧石结核，是因为石器时代的人类，他们开采燧石制造武器和工具，也使用这一白垩纪海洋的遗迹来生火。

地球上的许多壮观的自然景观，都源于海洋一旦漫过陆地，就会留下沉积物。比如，肯塔基州有一座猛犸洞，人类可以沿着数英里的地下通道，漫步进入顶高 250 英尺的石室。这些岩石和通道，都来自地下水所溶解的古生代海洋中沉积的厚厚石灰岩。同样，尼亚加拉瀑布的形成可以追溯到志留纪时期，当时北冰洋的一个大海湾向南延伸，覆盖了陆地。北冰洋的海水很清澈，因为沿岸地势较低，几乎没有沉积物或泥沙流入内海。海底沉积了大量坚硬的岩石，称为白云石，最终在加拿大和美国边境附近形成一个长长的悬崖。数百万年后，冰川融化，大量洪水从悬崖上倾泻而下，削掉了白云石下面的软页岩，导致大量底部岩石断裂。尼亚加拉瀑布和它的峡谷就此诞生。

4

虽然与早期有大量海水存在的中央海盆相比，有些内陆海较浅，但对于这些内陆海所在的地区而言，它们是巨大且重要的地貌特征。有些内海的深度可达600英尺，与大陆架外缘的深度大致相当。无人知道它们洋流的模式，但它们一定经常把热带的温暖海水带到遥远的北部陆地。例如，在白垩纪时期，格陵兰岛生长着面包树、肉桂树、月桂树和无花果树。当陆地退化成岛群时，拥有极热和极寒大陆气候的地方寥寥无几，温和的海洋气候在当时肯定是主流。

地质学家认为，地球历史的每一个重大分支都包含三个阶段。第一阶段，陆地地势较高，侵蚀活动非常活跃，海洋很大程度上被局限在海盆内。第二阶段，陆地的海拔降低，海洋入侵陆地。第三阶段，陆地再次开始上升。已故的杰出地质学家查尔斯·舒克特（Charles Schuchert），其职业生涯大部分时间都致力于绘制古代海洋和陆地的地图，用他的话来说："我们正生活在一个新周期的开端，如今陆地最大、陆地海拔最高、风景最壮丽，但海洋已开启了对北美洲的又一次入侵。"

是什么让海洋离开禁锢它亿万年的海洋盆地，入侵陆地？原因从来不止一个，这是多种原因综合作用的结果。

地壳的运动与海陆关系的变化密不可分。地壳运动对陆地和海底都有影响，对陆地边缘的影响尤为明显，其中可能涉及海洋的一侧或两侧海岸，陆地的一侧或全部海岸。地壳运动的周期缓慢而神秘，每个阶段可能要历时数百万年。大陆地壳每次向下运动都伴随着海水缓缓侵入陆地，每次向上运动都伴随着海水的撤退。

5

地壳运动并非海洋入侵的唯一原因，另有其他重要的因素。其中之一当然是陆地沉积物引起的海水位移。河流携带并沉积在海洋中的每一粒沙子或淤泥，都会替代等量的海水。从地质时期以来，陆地的解体和陆地物质向海洋的运输就一直不间断地进行着。人们可能认为海平面会持续上升，但事情并没有这么简单。陆地失去物质后会升高，就像一艘卸下了部分货物的运输船。而沉积物转移到海底，导致海底因为负荷而下沉。导致海平面上升的所有条件的精准结合是一件非常复杂的事情，人类难以识别或者预测。

之后，海底火山大规模生长，在海底形成了巨大的熔岩锥。一些地质学家认为，这些都是影响海平面变化的重要因素。其中有些火山的体积超乎人们的想象。最小的火山之一——百慕大，在海面下的体积高达约2500立方英里。夏威夷火山岛链横跨太平洋，绵延近2000英里，其中包括几座巨大的岛屿，它们挤出的海水总量一定很大。这条岛链出现在白垩纪也许并非巧合，当时有史以来最大规模的洪水正席卷陆地。

在过去的百万年里，与冰川的主导作用相比，其他导致海洋入侵的原因都是小儿科。更新世时期的典型特征是大冰盖的交替前进和后退。冰盖形成并覆盖了陆地，向南挺进山谷和平原，这个过程发生了四次。冰川融化缩小并从覆盖的陆地上撤退的过程也发生了四次。我们现在正处于第四次冰川撤退的最后阶段。更新世最后一次冰河时期形成的冰川，仍有近一半存在于格陵兰岛和南极洲的冰盖，以及某些山脉的零星冰川中。

每年冬天，冰原都会随着未融化的积雪而增厚并向外扩张，冰盖的增长意味着海平面相应下降，因为雨水和雪等落在地表的水，都直接或间接来自海洋这个巨大的蓄水池。通常情况下，这个过程是暂时的，水会通过正常的雨水径流或融雪返回海洋。但在冰河时期，夏天很凉爽，冬季的积雪不会完全融化，而是会留存到下一个冬天，被新雪覆盖。如此，因为冰川掠夺了海洋的水分，海平面一点一点地下降，在每一次大冰河时期达到高潮的时候，世界各海洋的海平面都处在非常低的水平。

今天，如果你找对了地方，仍然能看到古老海洋遗留下的证据。当然，那些海平面极低的海滨底痕如今已被海水深深覆盖，只能通过水深探测间接发现。不过，在过去海平面高于现在海平面的地方，你可以找到它的痕迹。在萨摩亚（Samoa）群岛高出海平面 15 英尺的悬崖脚下，你可以看到海浪在岩石上凿出的平台痕迹。你也能在其他太平洋岛屿、南大西洋的圣赫勒拿岛、印度洋的岛屿、巴哈马群岛和安的列斯群岛以及好望角周围发现同样的痕迹。

悬崖上的海蚀洞处在高处，不再受海浪的猛烈攻击和翻滚的浪花的侵蚀，它们充分说明了海陆关系的变化。这种洞穴见诸世界各地。在挪威西海岸的托尔加藤（Torghattan）岛，有一条引人注目的浪蚀隧道。坚硬的花岗岩外围，被间冰期海洋汹涌的海浪拍打，凿出一条约为 530 英尺的通道，近 500 万立方英尺的岩石被侵蚀。这条隧道现高出海面 400 英尺。它上升的部分原因在于冰融化后，地壳向上运动。

在这个周期的另一半时间里，随着冰川厚度的增加，海平面越来越低，全世界的海岸线都在发生更深远、更剧烈的变化。每条河流都受到了海平面下降的影响，河水加速流向海洋，水道被进一步切割。河道沿着向下移动的海岸线，延伸到干燥的沙子和泥浆上，不久以前这里还是倾斜的海底。因冰川融水而日渐壮大湍急的洪流，带着大量松散的泥沙，像汹涌的洪水一样翻滚进大海。

6

在更新世海平面的一次或多次下降过程中，北海海底干涸，一度变成了干燥的陆地。北欧和不列颠群岛的河流随着撤退的海水流向大海。最终莱茵河接收了泰晤士河流出的全部河水。易北河和威悉河合二为一。塞纳河穿过现在的英吉利海峡，在大陆架上划出一条波谷——也许现在可以通过水深探测，找到那条位于兰兹角（Lands End）更远处的水下海峡。

更新世最大的一次冰川作用发生在距今 20 万年前，在人类出现以后。海平面的急剧下降，一定影响了旧石器时代人类的生活。当然，人类有能力在不止一个地质时期中通过白令海峡的宽阔桥梁。当海平面下降到这个浅浅的大陆架以下的时候，它就变成了干燥的陆地。其他陆桥同样是这样形成的。随着海水从印度海岸退去，一条长长的海底堤岸变成了一片浅滩，最终露出水面，原始人类穿过这座桥来到了锡兰岛。

远古人类的许多定居点一定坐落在海岸或大型河流三角

洲附近，在很久之前就被上升的海洋覆盖的洞穴中，或许还有远古人类文明的遗迹留存。探寻这些古老的水下海岸线，或将有助于改进我们对旧石器时代人类的贫乏认知。一位考古学家建议利用“能发出强电光的潜艇”，甚至使用玻璃底的船和人造光搜寻亚得里亚海的浅海区域，冀望由此发掘曾生活在此的古人的贝冢。R. A. 戴利（R. A. Daly）教授指出：

最后一个冰河时期是法国历史上的驯鹿时期。当时，法国的原始人生活在洞穴中，俯瞰着河流的河道，猎捕在冰川以南凉爽平原上繁衍生息的驯鹿。后冰期海平面的整体上升，必然伴随着下游河水的上升。因此，位置最低的洞穴可能部分或者全部被淹没……那里或许能搜寻到更多旧石器时代人类的遗迹。

7

石器时代的人类祖先一定知道在冰川附近生活有多么艰难。虽然人类和动植物都在冰川到来之前向南迁徙，但一定有人仍留在了能够耳闻目睹巨大冰墙的地区。对于这些人来说，世界是一片冰天雪地，凛冽的寒风从延伸到天际的蓝色冰川上呼啸而下，一路伴随着冰川前进的咆哮声，以及成吨冰块破裂并坠入大海的轰鸣声。

同一时期，那些生活在半个地球之外印度洋某处阳光明媚的海岸上的人，则在干燥的陆地上大方地行走狩猎，这些土地不久前还被深深的海水覆盖。这些人对遥远的冰川一无所知，也不知道他们的行走自由，是因为大量海水在远方被冻结成冰雪。

每次我们在想象中构建冰河时期的世界时，都会为一个不确定性所困扰：在冰川扩张的鼎盛时期，当不计其数的海水被冻结成冰时，海平面到底有多低？它是适度地下降了 200 英尺或者 300 英尺（这在陆缘海涨落的地质历史中发生了无数次），还是急剧地下降了 2000 英尺甚至 3000 英尺？

上述每一种可能性都有不止一位地质学家在摇旗呐喊。分歧如此激烈也不足为怪。自从路易·阿加西（Louis Agassiz）首次让世人了解移动的冰山及其在更新世世界的主导作用，一个世纪来，世界各地都在耐心积累证据，试图重新构建冰川四次前进和后退的真相。得益于戴利这样大胆的思想家的指引，当代科学家才明白，冰盖每一次增厚都意味着海平面相应下降，而随着冰川的每一次融化撤退，都有大量海水回流，导致海平面上升。

大多数地质学家对这种“交替的掠夺和归还”持保守态

度，并认为海平面的最大下降幅度不会超过 400 英尺，也许只有一半。有些人根据海底峡谷，即大陆斜坡上切割出来的深峡谷，推断海平面下降幅度更大。更深的峡谷位于目前的海平面以下至少 1 英里的地方。有些地质学家坚持认为，至少峡谷的上半部分是被河流切割出来的，他们表示在更新世冰期，海平面下降的幅度足以让这种情况发生。

海洋撤退回海盆最大距离是多少？这一问题尚待进一步探索。我们似乎即将获得激动人心的新发现。现在，海洋学家和地质学家拥有更加精良的仪器来探索海洋深处，获取岩石和深层沉积物的样本，并更清楚地阅读过去模糊的历史书页。

与此同时，海洋在地球的大潮中起起落落，其周期不是以小时而是以千年来衡量。对于这么大规模的潮汐，人类的感官无法察觉，也不能理解。它们的起因——如果人类有幸得以发现——可能存在于地球炽热的“内心”，也可能位于宇宙黑暗空间的某个地方。

中篇　永不停息的大海

第九章　风与水

轻风拂过，海面波光粼粼。

——斯温伯恩

海浪滚滚涌向英格兰最西端的兰兹角，带来了大西洋遥远的问候。它们越过隆起的陡峭深海海底，向岸边移动，从深蓝色的海水进入浑浊的绿色海水。它们在混乱的涟漪和湍流中，翻滚着越过大陆架。它们掠过浅滩的滩底向陆地冲过去，撞击在锡利群岛（Scilly Isles）和兰兹角之间海峡的七石岩上，越过暗礁和在低潮时露出闪亮脊背的岩石。它们靠近兰兹角的岩石顶端，经过了一台位于海底的奇怪仪器。通过海水涨落时的波动压力，它们向这台仪器传递了关于遥远大西洋海域的许多信息，并被仪器转变为人类思维可以理解的符号。

如果你来到这里，和当地的气象学家交谈，他会告诉你海浪的生命史，这些波浪每时每刻不懈怠地滚滚而来，带来远方的信息。他会告诉你，风在哪里“产生”了海浪，风的强度多大，风暴移动的速度多快，以及如果有必要的话，多长时间后需要向英格兰沿海地区发布风暴警告。他会告诉你，翻滚过兰兹角海浪记录仪的大部分海浪来自北大西洋的暴风雨，这些海浪从纽芬兰和格陵兰南部向东移动。有些热带风暴可以追溯到大西洋对岸，它穿过巴哈马群岛和安的列斯群岛，沿着佛罗里达海岸移动。少数海浪来自世界最南端，从合恩角到兰兹角绕了一大圈，走了 6000 英里。

1

加利福尼亚海岸的海浪记录仪探测到了远方的海浪，因为夏天拍击在海岸上的一些浪花产生于南半球的西风带。自第二次世界大战结束以来，康沃尔郡、加利福尼亚州及美国东海岸的一些记录仪一直在使用。这些实验有多个目的，其中之一就是开发一种新的天气预报方法。北大西洋沿岸的国家，因为拥有数量众多、占据战略位置的气象站，所以没有利用海浪获取天气信息的实际需求；现在使用海浪记录仪的地方则似乎充当了开发这种方法的测试实验室。世界上的一些地区将很快使用这种方法，因为它们除海浪带来的信息以外，别无其他气象数据。尤其是在南半球，许多海岸都被海浪冲刷，这些海浪来自人迹罕至的偏僻海域，很少有船只穿行，也偏离了正常的航线。风暴可能会在这些偏远的地方悄然形成，并突然席卷海洋中部的岛屿或裸露的海岸。数百万年来，海浪一直奔跑在风暴的前方，大声疾呼，发出警告，但直到现在我们才学会解读它们的语言。或者说，直到现在，我们才学会借助科学的手段去理解它们的语言。有意思的是，这些现代海浪研究成果往往与一些民间说法不谋而合。比如，对于世代生活在太平洋岛屿上的原住民来说，某种特定类型的海浪预示着台风即将来临。几个世纪以前，爱尔兰偏僻海岸上辛勤劳作的农民，看到预示着风暴来临的长浪翻滚着靠近他们所在的海岸，就会害怕得瑟瑟发抖，将其称为死亡之浪。

而今我们对海浪的研究已较为成熟，各方面都可以看到现代人出于实际需要而利用海浪信息。在新泽西州朗布兰奇（Long Branch）的钓鱼码头，在海底一根0.25英里管道的尽头，一台海浪记录仪无声地持续记录着来自开阔大西洋的海浪。通过管道传输的电脉冲，每个海浪的高度和两个波峰之间的间隔数据都被传输到岸上的站点，并自动转化为图形记录。关注新泽西海岸侵蚀速度的美国陆军工兵部队会仔细研究这些记录。

在非洲海岸附近，高空飞行的飞机最近拍摄了一系列海浪扑向近岸区域时的照片。根据这些照片，训练有素的人员可以确定海浪向海岸移动的速度。之后，他们运用数学公式，将向浅水区推进的海浪的行为与海浪下方的海水深度联系起来。这些信息将为英国政府提供英国偏远海岸的有效深度测量数据。如果采用普通方法获取这些数据，将费时费力，耗资巨大。与许多与海浪有关的新知识一样，这种实用的方法是为了满足战争的需要。

预测欧洲和非洲裸露海滩上的状况，尤其是海浪高度，是第二次世界大战期间入侵前的常规准备工作。但知易行难，预测海浪高度或海面粗糙度，并评估其对船与船之间或船与海滩之间人员和物资转移的实际影响，可没那么容易。正如一位海军军官所说："这是对实用军事海洋学的首次尝试，是最可怕的一课，因为与海洋基本性质相关的基本信息极度匮乏。"

2

只要地球存在，我们称之为风的移动空气团就会横扫地球表面。只要海洋存在，海水就会随风而动。大部分海浪是风作用于水的结果，但也有例外，比如海底地震有时也会产生潮汐。不过，大多数人最熟悉的海浪还是风浪。

开阔海域中海浪的形成过程非常混乱，它由无数道不同的水波混合在一起，相互交织而成。每一组水波起源的地点和方式，运动的速度和方向都独一无二：有些注定永远无法到达任何海岸，有些则会跨越半个海洋，在轰隆声中消失在遥远海滩上。

多年来人们潜心研究这一团乱麻，如今终于稍有头绪。虽然关于海浪，我们未知的还有很多，还需付出很多努力来利用它造福人类，但我们可以立足于坚实的事实来重建海浪的生命史，预测它在不断变化的环境中的行为，评估它对人类的影响。

在构建一个典型海浪的生命史之前，我们需要熟悉它的一些物理特征。波浪有高度，即从波谷到波峰的距离；波浪也有长度，即从一个波峰到下一个波峰的距离。波的周期指的是后续波峰经过一个固定点所需的时间。这些维度都不是静态的固定值，而是会因风、水深和许多其他因素而变化。

此外，形成波浪的海水不会随着它在海洋中穿行；随着波浪的推进，每一个水分子都会呈现一个圆形或椭圆形的轨道，但基本上会回到原来的位置。幸亏如此，因为如果组成波浪的巨大水团真的在海上移动，那么船只就无法在海上航行了。研究海浪知识的专业人员经常使用一个生动形象的表述，即“吹程的长度”。“吹程”是指波浪在方向恒定的风的驱动下，在没有任何障碍物的情况下前进的距离。吹程越大，波浪越高。真正的大浪不可能在海湾或狭小海域的有限空间内产生。在狂风肆虐的情况下，需要600~800英里的吹程才能掀起最大的海浪。

现在我们假设，经过一段时间的平静后，一场风暴正在距离新泽西海岸 1000 英里左右的大西洋远处形成。它的风胡乱地吹着，偶尔有阵阵强风，不断改变方向，但一般吹向岸边。被风吹拂的海水回应着压力的变化。它不再是一个水平面，它被风吹皱，出现一道道交错的波峰波谷。波浪向海岸移动，创造它的风控制着它的命运。风暴在持续，波浪向岸边移动，它接收了风的能量，并增加了高度。在一定程度上，它将继续吸收风的猛烈能量，并随着吸收的风能越来越多，它的高度也在不断增加。但当波浪从波峰到波谷的高度达到与下一个波峰之间距离的七分之一时，它就会开始倾倒，形成白色的浪花。飓风通常可以依靠自身的力量吹平波峰；在这样的风暴中，最高的波浪可能会在风开始减弱后形成。

3

大西洋深处的风和水孕育的典型波浪，吸收了风的能量而达到最大高度，而伴随它的其他海浪则形成一种混乱的、不规则的形状，称为“短浪”。随着海浪逐渐离开风暴区域，它的高度逐渐缩小，连续波峰之间的距离增加，“短浪”变成了“涌浪”，以每小时约 15 英里的平均速度移动。在海岸附近，一种规则的长涌浪取代了开阔海域的湍流。但随着涌浪进入浅水区，惊人的转变发生了。海浪有生以来第一次感受到了浅滩的拖曳阻力。它的速度变慢，后面的波峰向前涌来，它的高度突然增加，波形变得陡峭。然后，一股溢出的、翻滚的水流落入波谷，在沸腾的泡沫中溶解。

如果你坐在海滩上观察，至少可以合理地推测，面前涌上沙滩的海浪是由近海的大风形成的，还是由远处的风暴产生的。刚在风中成型的“年轻”波浪，即使在海上也保持着尖锋的形状。从遥远的地平线上，你可以看见它们在奔流而来的过程中形成了白浪；少量泡沫从正面溢出，在前进的波面上沸腾冒泡，而海浪最终的破碎是一个漫长且深思熟虑的过程。但是，如果海浪在进入冲浪带时高高扬起，仿佛集结了生命中最后的力量；如果波峰沿着它前进的锋面形成，然后开始向前卷曲；如果整个水团突然轰鸣着落入波谷，那么你可以认为，这些海浪是从某个遥远的地方而来，它们在消失在你的脚下之前，就已经历了漫长的旅程。

这一规律既适用大西洋海浪，也适用于全世界的风浪。海浪的一生中有很多的际遇。它会活多久，它能走多远，它将有什么样的结局，这一切在很大程度上取决于它在横渡大洋时的遭遇。因为波浪的一个基本性质就是它是移动的，任何阻碍或阻止它移动的事物都能决定它的解体和死亡。

4

海洋内在的力量对海浪的影响可能最为深远。当潮汐流横穿海浪的路径，或者沿着与之相反的方向移动时，海洋会释放最可怕的怒气。这就是苏格兰著名的“急潮流”的成因，比如设得兰群岛（Shetland Islands）最南端的萨姆堡角（Sumburgh Head）。当刮东北风的时候，急潮流处于安静状态。但当风吹起的海浪从其他地方滚滚而来时，它们会遇到潮汐流，要么在涨潮时流向海岸，要么在退潮时流向海洋。就像两只野兽相遇，潮汐在全力前进时，会和波浪在一片大约 3 英里宽的海域内短兵相接，先是在萨姆堡角附近，然后逐渐向海洋的方向移动，直至潮汐势头暂时减弱，方才休战。《英国岛屿指南》（*British Islands Pilot*）杂志曾经这样描述：“在这个混乱、翻腾、躁动的大海中，一些船只经常会完全失控，有时甚至沉没，而其他船只也会被折腾好几天。”在世界上许多地方，这样危险的水域都被拟人化，它们的名字被海员世代相传。三代人以前，在将奥克尼群岛（Orkney Islands）和苏格兰北端分隔的彭特兰海峡（Pentland Firth）两端，“邓肯斯比激潮”（Bore of Duncansby）和“风流的梅伊”（Merry Men of Mey）

常年肆虐。1875 年《北海航行指南》（*the North Sea Pilot*）向在这条海峡中航行的水手发出警告，现代版本的航行指南也逐字重复了这条警告：

> 在进入彭特兰海峡之前，所有船只都要做好封舱的准备。即使在最好的天气里，小船的舱口也应该关上，因为很难预见远处发生的事情。船只可能猝不及防就从平缓的水面进入颠簸的浪区，从而无力应对。

这两个急潮流都是由来自开阔海洋的涌浪和方向相反的潮汐流汇合而形成，因此在彭特兰海峡的东端，“邓肯斯比激潮”的涨潮流和向东的涌浪令人心生畏惧；在西端，“风流的梅伊”的退潮流和向西的涌浪也在狂欢。然后，根据《北海航行指南》所写，“大海升起来了，这是未亲身经历过的人无法想象的场景”。

对于这样的裂流水域，可以通过波浪和潮汐之间激烈、毫不妥协的斗争，为附近的海岸提供保护。很久以前，托马斯·史蒂文森（Thomas Stevenson）就注意到，只要萨姆堡急潮流在萨姆堡角附近慢慢破碎并形成浪峰，岸上就几乎看不到海浪；一旦潮汐的力量耗尽，它就再也无法在海上奔流而下，而是成为奔向海岸或者攀爬悬崖峭壁的汹涌海浪。在大西洋西部，芬迪湾河口处快速流动的混乱潮汐流，会对来自西南至东南方向的海浪形成巨大阻力，所以芬迪湾内部形成的海浪几乎都发源于当地。

在开阔海域上，一列波浪如果遇到了迎面而来的强风，可能会快速被摧毁，因为产生海浪的力量也能摧毁它。因此大西洋上一股新形成的信风经常会在海浪从爱尔兰向非洲翻滚的过程中把它们展平。或者一股友好的风突然吹向波浪移动的方向，可能会使海浪的高度以一到两英尺 / 分钟的速度增加。一组移动的浪脊一旦形成，风只需要吹入它们之间的凹槽，就能迅速推高它们的波峰。

5

岩石暗礁，沙子、黏土或岩石质地的浅滩，以及海湾口的沿海岛屿，都在阻碍向海岸推进的海浪。从开阔海域滚向新英格兰地区北部海岸的长涌浪，很少能毫发无损地到达目的地。它们的动量大多消耗在了穿越乔治海岸的巨大海下高地中，那里最高的山峰快要逼近耕耘者浅滩（Cultivator Shoals）上的海面。这些海底山，以及围绕、穿越它们的潮汐流，大大削弱了海洋涌浪的力量。分散在海湾内或海湾口周围的岛屿也可以吸收海浪的力量，让湾头免受海浪的冲击。海岸附近分散的珊瑚礁也能为沿岸提供很好的保护，因为它会让最高的海浪破碎，使它们永远也到达不了岸边。

冰雪和雨水都是海浪的敌人，在适当的条件下，它们可以打败大海，或者缓冲海浪对海滩的冲击力量。在松散的浮冰中，船只可以依靠平静的海洋，即使狂风怒号、海浪猛烈冲击浮冰边缘也无伤大雅。海洋中形成的冰晶会增加水分子之间的摩擦力，从而抚平海浪；即使晶莹剔透的雪花，也在较小的程度上起作用。冰雹风暴会击倒波涛汹涌的大海，甚至突如其来的瓢泼大雨也常会使海面变得丝绸般光滑，随着汹涌的海浪泛起涟漪。

古代的潜水员会在嘴里含着油，等到在海水中感到呼吸困难时，就把油吐出来，他们运用的正是现在每个海员都知道的知识——油似乎对开阔海域上的波浪有镇静作用。大多数海洋国家的官方航行指南上都有在海上紧急情况下使用油的说明。不过，一旦波浪开始溶解，油就基本不起作用了。

在南大洋，海浪不会因为拍打在海滩上而破碎，西风产生的巨浪在世界各地翻滚。这里的波浪世界最长，波峰宽度最宽阔。但没有证据表明南大洋的波浪规模超过其他海洋的巨浪。工程师和船员的著作及一系列报告表明，在任何海洋中，波谷至波峰的高度超过 25 英尺的海浪都很罕见。风浪的高度则可以加倍，如果一场大风朝着一个方向吹的时间足够长，并且吹程达到 600~800 英里，那么产生的海浪可能会更高。海上风浪能够达到的最大高度是一个备受争议的问题，大多数教科书都保守地引用了 60 英尺的数据，而海员们则坚持自己见过高得多的海浪。杜蒙·德维尔（Dumont d'Urville）报告说，他在好望角附近海域遇到过 100 英尺高的海浪。此后的一个世纪里，科学界普遍对这些数据持怀疑态度。不过，由于测量方法的原因，人们相信有一个与巨浪有关的记录似乎是可靠的。

1933 年 2 月，美国海军舰艇拉玛波号（Ramapo）从马尼拉前往圣迭戈，途中遭遇了 7 天的暴风雨。这场暴风雨是从堪察加半岛一直延伸到纽约的天气扰动的一部分，并让强风不间断地刮了数千英里。在暴风雨最猛烈的时候，拉玛波号仍保持着顺风顺水的航向。2 月 6 日，大风达到了最猛烈程度，风速达到68节[①]，夹杂着阵风和暴风，海面翻腾起山一般高的海浪。当天凌晨，一名军官在舰桥上站岗时，在月光下看到船尾处有一片巨大的海水升起，上升的高度超过了主桅杆的乌鸦巢上的一个铁皮条。此时拉玛波号平浮在海面上，它的船尾处于波谷

① 1节=1.852千米/时。——编者注

中。这使人们能够从舰桥上精准地观察到浪尖，根据船的尺寸进行简单的数学计算，就可以得到海浪的高度为 112 英尺。

6

海浪给开阔海域上航行的船和人造成了损失，在世界各地的海岸线上，海浪是最具破坏性的。有充分的证据表明（后来的一些案例也可以证明），无论海上风暴浪有多高，雷鸣般的碎浪产生的汹涌的浪花和向上跳跃的水团，可能会吞没灯塔，摧毁建筑物，并向距离海面 100~300 英尺高处的灯塔窗户投掷石块。在这种海浪的威力面前，码头、防波堤和其他海岸设施都像儿童玩具一样脆弱得不堪一击。

世界上几乎每个海岸都会定期受到猛烈的风暴浪的侵袭，但也有一些海岸从未体会过海洋的温和。“世界上再没有比这更可怕的海岸了！”住在火地岛的布莱斯（Bryce）勋爵惊叹道。据说，在宁静的夜晚，离海岸 20 英里的内陆都能听到海浪咆哮着拍打海面的声音。达尔文也在日记中写道：“看到这样的海岸，足以让一个从未出过海的人连续做一星期关于死亡、危险和海难的噩梦。”

另有一些人声称，从加利福尼亚北部延伸到胡安·德·富卡海峡（Straits of Juan de Fuca）的海岸，拥有可以媲美世界上任何巨浪的海浪。但在冰岛和不列颠群岛之间气旋风暴向东前进的路径上，似乎只有设得兰群岛和奥克尼群岛的海岸受到了最猛烈的海浪袭击。《英国岛屿指南》用康德拉式（Conradian）的散文体，表达了这样的暴风雨的情绪和愤怒：

可怕的大风每年刮四五次，空气和水之间的界限都模糊了，近处的物体被水雾掩盖，一切似乎都笼罩在厚厚的烟雾中。宽阔的海岸上，海水迅即上升，撞击着岩石海岸，形成数百英尺高的泡沫，蔓延整个国家。

然而，短时间持续的猛烈大风不像连续吹很多天的普通大风那样让大海如此沉重。大西洋聚集全部力量撞击着奥克尼群岛的海岸，数吨的岩石被从海底掀起，海浪的咆哮声在 20 英里外都能听到。碎浪高达 60 英尺，在斯凯尔（Skail）湾和伯塞（Birsay）湾可以看到，位于科斯塔角（Costa Head）西北方向 12 英里处的碎浪。

7

海上孤独的暗礁，或者完全暴露在风暴浪中的岩石岬角上的灯塔守护者给我们提供了有价值的记录，我们可以轻易整理出一份关于海上反常和怪异行为的清单。在设得兰群岛最北部的安斯特（Unst）岛上，海拔195英尺的灯塔的一扇门被撞开。英吉利海峡上的主教岩灯塔上，一个高出高水位100英尺处的钟在冬季大风中被扯下。11月的一天，苏格兰海岸上的贝尔灯塔（Bell Rock Light）附近，一股重重的涌浪无风自动，一个巨浪突然在灯塔周围升起，冲上了岩石上方117英尺处的灯室顶上的镀金球，并扯下海面上86英尺处灯塔上的梯子。有些事件似乎带有一些超自然色彩，比如1840年发生的埃迪斯通灯塔（Eddystone Light）事件。一个海浪汹涌的夜晚，塔楼的大门像往常一样用结实的门闩闩住。突然，门被从里面撞开，门上所有的铁栓和铰链都被扯松散了。工程师们认为这种情况是气动作用——巨浪撤退突然产生的反向气流和门外压力突然释放导致的结果。

美国的大西洋海岸上，马萨诸塞州米诺暗礁上一座97英尺高的灯塔经常被碎浪完全淹没。而早在1851年，这座暗礁上的一座灯塔就被海水卷走。12月份加利福尼亚州北部海岸的特立尼达岬灯塔处发生的风暴，也被人们津津乐道。守塔人从高水位之上196英尺处的灯室中看到暴风雨袭来，附近的派勒特岩一次又一次地被浪峰高达100英尺的海浪吞没。接着，一道最大的海浪击中了灯塔底部的悬崖。它似乎筑起了一堵坚固的水墙，上升到灯室的高度，然后猛然地把全部水雾掷向灯塔。这一冲击带来的震慑力量让灯停止了旋转。

沿着岩石海岸，猛烈风暴产生的波浪可能携带着石头和岩石碎片，这大大增强了它们的破坏力。有一次，在俄勒冈州海岸蒂拉穆克岩，一块重达 135 磅①的岩石被抛到了海拔 100 英尺处的守塔人房屋上方。在下坠时，它在屋顶上凿穿了一个 20 英尺大的洞。就在同一天，一场场小岩石阵雨打碎了海面上 132 英尺处的灯室的多扇玻璃。最令人啧啧称奇的是邓尼特角的灯塔，它位于彭特兰海峡西南入口处 300 英尺的悬崖顶上，其窗户屡屡被从悬崖上卷起和被海浪抛到高处的石头砸破。

几千年来，海浪侵蚀着世界各地的海岸线，在一处切断了悬崖，在另一处剥离了海滩上数吨的沙子，或者扭转了其破坏性，建起一个沙洲或者一座小岛。与导致半个大陆被洪水淹没的缓慢地质作用不同，海浪的作用与人类短暂的生命周期相匹配，所以我们可以亲眼看到海浪对大陆边缘的雕刻作用。

---

① 1磅≈0.45千克。——编者注

8

科德角高高的黏土悬崖，从伊斯特姆升起，向北延伸，直到消失在鸡翼角（Peaked Hill）附近的沙丘中。它风化的速度极快，美国政府购买了 10 英亩土地拟建高地之光灯塔，现今已消失一半，且据说悬崖每年后退约 3 英尺。从地质学角度来看，科德角的年代并不久远，是最近一次冰河时期冰川作用的产物，但显然，自它形成以来，海浪已经切割出了一条约 2 英里宽的土地。按照目前的侵蚀速度，4000 年或 5000 年后，外海岬注定从地球上消失。

海浪影响岩石海岸的方式是研磨、凿下并带走岩石碎片而使其磨损，每一块碎片都成为磨损悬崖的工具。随着大量岩石被从底部切割，一大群巨石将落入海里，被海浪磨碎，并制造出更多的攻击武器。在岩石海岸上，这种对岩石和岩石碎片的打磨不断地进行着，它的声音清晰可辨，因为海浪拍打在这样的海岸上发出的声音和拍打在沙质海岸上的声音不同，这是一种低沉的咕哝声和隆隆声，即使在这样的海滩上随意漫步的人也不会轻易忘记。几乎没有人听到过从海里传来的海浪研磨的声音，正如亨伍德（Henwood）在参观了延伸到海底的英国矿山后所写下的：

站在悬崖底下，这块9英尺高的岩石将我们和大海分隔开来。岩石是矿井的一部分，巨石沉重的滚动，卵石持续的碾压，巨浪猛烈的轰鸣，以及它们返回时的噼啪声和沸腾声，将一场可怕的暴风雨生动地展现在我的面前，让我难以忘怀。我们不止一次怀疑岩石盾的保护作用，因此我们害怕得后退；直到经过反复试验，我们才有信心继续开展调查。

作为一个岛国，英国对“海洋强大的侵蚀力量”一直都有清醒的认识，因为英国的海岸就是这样被啃噬的。1786年，郡测量员约翰·杜克（John Tuke）绘制了一张地图，列出了霍尔德内斯海岸（Holderness Coast）附近消失的一长串城镇和乡村，也包括一些注释：霍恩西·伯顿（Hornsea Burton）、霍恩西·贝克（Hornsea Beck）和哈特本（Hartburn）被海水冲走，古威瑟恩西（Ancient Withernsea）、海德（Hyde）或海斯（Hythe）消失在海里。许多流传至今的其他古老记录，让我们能够将现存的海岸线与以前的海岸线对比，并显示出许多海岸的悬崖在以惊人的速度被侵蚀——在霍尔德内斯海岸达到15英尺/年，在克罗默（Cromer）和曼兹利（Mundesley）之间为19英尺/年，在索思沃尔德（Southwold）为15~45英尺/年。当代英国的一位工程师写道：“英国的海岸线每天都不一样。”

不过，一些最美丽、最有趣的海岸线风光也得归功于流水的雕刻作用。海底洞穴几乎是海浪从悬崖上“炸”出来的，海浪涌入岩石的裂缝，通过水压迫使它们分开。时长日久，缝隙逐渐变宽，无数细小的岩石颗粒不断被带走，海底洞穴便被挖掘出来。在这样的洞穴里，进入洞穴的水的重量，以及水在封闭空间内运动产生的奇怪的吸力和压力，可能导致继续向上挖掘洞穴。当海浪破碎产生的水向上抛的时候，这些洞穴（和悬垂的悬崖）的顶部仿佛受到了破城锤的打击，波浪的大部分能量都传递给这个较小的水团。最终，洞穴的顶撕开一个洞，形成一个喷水喇叭。或者，在一个狭窄的海角，洞穴两侧贯通，形成一座天然的桥梁。之后，经过多年的侵蚀，桥拱可能会坍塌，只留下面向大海的岩石群，孤独地矗立原地，形成一种被称为浪蚀岩柱的奇怪的烟囱状结构。

9

人类印象最深的海浪就是所谓的“潮汐波”。这个术语通常适用于两种截然不同，但都与潮汐毫无干系的海浪。一种是海底地震产生的地震海浪，另一种是异常强大的风浪或者风暴浪——被飓风驱动的、远高于高水位线的巨大水团。

大多数地震海浪（现在称为“海啸”）都产生于海底最深

的海沟。日本、阿留申群岛和阿塔卡玛（Atacama）地区的海沟都曾掀起海啸，夺走了很多人的生命。这样的海沟天生就是地震的温床，是一个经常受到扰动和不稳定的地方，它的海底向下弯曲，形成了地球表面最深的坑。从古代文字记录到现代报纸，经常可见这些突然自海上升起的巨浪对沿海地区的破坏。最早的记录是公元358年在地中海东海岸出现的巨浪，完全淹没了岛屿和低洼的海岸，船上浮到了亚历山大港的屋顶上，数千人被淹死。1755年葡萄牙里斯本地震后约1小时，加的斯海岸出现了据说比最高的潮面还要高50英尺的海浪。地震引发的海浪还穿过大西洋，在9.5小时后抵达巴哈马群岛和安的列斯群岛。1868年，南美洲西海岸近3000英里地域发生了地震。主震过去后不久，海水从岸边退去，使原本停泊在40英尺深水中的船搁浅在泥里；然后海水又形成大浪返回岸边，将小船裹挟到0.25英里处的内陆。

海水从正常位置撤退是一种不祥之兆，通常被视为地震海浪即将到来的第一个警告。1946年4月1日，夏威夷海滩上的原住民收到了这样的警告，他们习以为常的海浪的声音突然戛然而止，四周出奇地安静。他们不会知道，海浪从珊瑚礁和沿海浅水区撤离，是由于2000多英里外，在阿留申岛链中的乌尼马克（Unimak）岛的一条深海沟的陡峭斜坡上发生了一场大地震；也不会知道，海水会在顷刻之间迅速上涨，好像潮水快速奔涌而来，但是没有出现海浪。海水上涨使海平面高出正常潮位至少25英尺。根据一名目击者的描述：

> 地震海浪带着陡峭的锋面和巨大的湍流，朝着海岸席卷而来……一波又一波的海水从海岸退去，露出礁石、海岸泥滩和海港底部，距离正常的海岸线至少有500英尺远。水流湍急，波涛汹涌，发出阵阵响亮的嘶嘶声、咆哮声和哗啦声。房屋被拖到海里，连巨大的岩石和混凝土块也被拖到礁石上……居民们连同家什财物一起被卷入大海。有些幸运儿在几小时后被飞机投放的救生筏救下。

在开阔的海洋中，阿留申群岛地震产生的海浪只有一两英尺高，船只根本注意不到。但是，它们极长，连续波峰之间的距离约为90英里。海浪用了不到5小时就到达了2300英里外的夏威夷岛链，所以它们的平均时速一定达到了470英里左右。沿着太平洋东海岸，它们的记录最远可至智利的瓦尔帕莱索（Valparaiso），海浪大约用了18小时就覆盖了距离震中8066英里的地方。

10

这种特殊的地震海浪的出现引发了一个结果，使它有别于所有其他的海浪。它让人们想到，或许我们现在对这种海浪及其行为模式已经有了足够了解，可否设计一个警报系统，让人们摆脱对意外事件的恐惧。地震专家与波浪和潮汐专家合作，现已建立起来这样的一个系统来保护夏威夷群岛。配备了特殊仪器的监测站网络遍布太平洋各地，比如科迪亚克（Kodiak）至帕果帕果（Pago Pago），以及巴尔博亚（Balboa）至帕劳群岛。

预警系统分为两个阶段。第一阶段是由美国海岸和大地测量局运营的地震台站发布的新型声音警报，引起相关人员对已发生的地震的关注。如果系统发现，地震的震中位于海底，可能引发地震海浪，就会向对应潮汐观测站的观测员发送警告，提醒他们观察测量仪是否显示出有地震海浪经过（即使是非常小的地震海浪，也可以通过其特殊周期来识别，它在一个地方可能很小，但等它到达另一个地方，可能就会达到危险的高度）。当火奴鲁鲁的地震学家接到发生了海底地震的通知，并且某些监测站实际上已记录到地震海浪时，他们就可以计算出，地震海浪何时会到达震中和夏威夷群岛之间的任何一点。

然后，他们可以发布警告，疏散海滩和海滨地区的民众。这是历史上第一次做出有组织的努力，防止不祥的海浪出人意料地出现在太平洋的空旷地带，突然在有人居住的海岸上咆哮。

[1961年版注：这个预警系统从建立到1960年为止，已经向夏威夷群岛的居民发出了8次警报，警告地震海浪即将来临，其中有3次，大规模海浪确实袭击了这些岛屿。规模最大、最具破坏性的要数1960年5月23日发生的地震海浪，它从智利海岸的一场强烈地震向外扩散，横跨了整个太平洋。如果没有警告，它肯定会造成惨痛的生命损失。火奴鲁鲁气象台的地震仪记录到智利的第一次地震后，预警系统立即开始运行。各个潮汐站的报告充分表明，一股地震海浪已经形成，并正在太平洋上扩散。气象台通过早期的新闻简报和后来的官方“海浪警告”，向该地区的居民发出警报，并预测海浪将到达的时间和受影响区域。事实证明，在合理的误差范围内，这些预测是准确的，虽然地震海浪造成的财产损失惨重，但仅有少数无视警告的人出现伤亡。据说西至新西兰、北至阿拉斯加都有地震海浪的活动，日本海岸也遭到了地震海浪的袭击。虽然美国的预警系统尚不覆盖其他国家，但火奴鲁鲁的官员也向日本发出了地震海浪警告，遗憾的是被忽视了。

1960年的预警系统包括分布在太平洋东西海岸和某些海

岛上的 8 个地震台站，以及 20 个分散分布的海浪监测站，其中 4 个海浪监测站配备了自动海浪探测器。美国海岸和大地测量局认为，增设海浪预报潮汐站能提高该系统的效率。但目前它的主要缺陷是无法预测地震海浪到达特定海岸时的高度，因此对于所有接近的地震海浪都会发出同样的警告。海浪高度预测方法尚有待改进。即使如此，该系统仍能满足巨大的需求，因此国际上有强烈的兴趣将其推广到世界其他地区。]

11

在飓风地带的低洼海岸的陆地上，有时会升起风暴浪，这些风暴浪属于风浪，但与普通的风浪和风暴浪不同，它们伴随着水位的总体上升，即风暴潮。海水的上升往往非常突然，以至于人们没有任何逃生的可能。热带飓风造成的人员伤亡中，约四分之三是由此类风暴浪造成的。1900 年 9 月 8 日发生在得克萨斯州加尔维斯顿（Galveston），1935 年 9 月 2 日到 3 日发生在佛罗里达群岛下游，以及 1938 年 9 月 21 日新英格兰飓风带来的灾难性的水位上升，都是由风暴浪引起的灾难。1737 年 10 月 7 日发生在孟加拉湾的飓风浪造成了有史以来最可怕的破坏，2 万艘船被毁，30 万人死亡。

[1961 年版注：1953 年 2 月 1 日，海水淹没了荷兰海岸，

这次大浪应该在大风浪的历史中占有一席之地。形成于冰岛以西的冬季大风横扫大西洋，进入北海。它的全部力量都聚集在阻挡它前进中心路线的第一块陆地上，也就是荷兰的西南角。暴风雨带来的海浪和潮汐猛烈地冲击着堤坝，古老的堤坝出现了上百处损坏，洪水从那里冲出来，淹没了农场和村庄。这场暴风雨于 1 月 31 日（星期六）来袭，截至星期日中午，荷兰八分之一的土地都被海水淹没，其中包括大约 50 万英亩良田，土地被水冲刷，浸满盐分，数千座建筑物、成千上万头牲畜和大约 1400 人受到影响。此前在荷兰与海洋斗争的漫长历史中，从未受过这样的海水侵袭。]

还有一些巨浪，通常被称为“涌浪”，它们会周期性地冲向某些海岸，并用破坏性的海浪连续拍打海岸数日。它们也属于风浪，但与海洋上空的气压变化有关，产生这些海浪的海洋与它们最终到达的海滩相距几千英里。低压地区，比如冰岛南部，是臭名昭著的风暴温床，此地的风在海上掀起巨浪。海浪离开风暴区后，往往变得越来越低、越来越长，在跨越海洋数千英里之后，它们会变成起伏的涌浪。这些涌浪非常有规律，而且浪的高度很低，因此它们在穿过其他区域新形成的、汹涌的短海浪时，通常不会被注意到。但是当涌浪靠近海岸并感觉到下方的海底逐渐变浅时，它就会开始“上升”，形成又高又陡峭的海浪；在冲浪带内，海浪的陡度突然增加，形成一个波峰，然后海浪破碎，大量的海水倾泻下来。

北美西海岸的冬季涌浪源自从阿留申群岛南部进入阿拉斯加湾的风暴，夏季涌浪则可以追溯到赤道以南几千英里的南半球的“咆哮风带”。因为盛行风方向的关系，美国东海岸和墨西哥湾通常不会遭遇远方风暴产生的涌浪。

摩洛哥海岸一直以来都受到了涌浪的“特别关照”，因为直布罗陀海峡以南大约 500 英里的海港没有任何防护。到访大西洋上的阿森松岛、圣赫勒拿岛、南特立尼达岛和费尔南多·迪诺罗尼亚（Fernando de Noronha）群岛的海浪，都有悠久的历史。同一类型的海浪显然也出现在巴西里约热内卢附近的南美海岸，在那里它们被称为“逆流”。还有一些类似的海浪逃离南太平洋西风带的风暴，袭击了波莫托斯群岛（Paumotos Islands）的海岸。另有一些海浪，形成了困扰着美洲太平洋海岸的著名的“多浪日”。根据罗伯特·库什曼·墨菲的说法，按惯例，以前该地区从事鸟粪贸易的船主通常会多要几日的津贴，因为在这几天里，他们的船会因为涌浪的打扰而无法装货。在多浪日里，无所不能的涌浪会倾泻在海堤上，据说能够冲走质量达 40 吨的火车，将混凝土桥墩连根拔起，并让铁轨像铁丝一样扭曲。

涌浪从发源地缓慢前进，这使摩洛哥能够建立一个预测海洋状况的体系。经历了长期令人困扰的船只和码头事故之后，这件事终于在1921年做成了，每日发布的海洋状况电报报告，会提前通知令人讨厌的多浪日。停泊在港口内的船只在收到涌浪逼近的警告后，可以驶向开阔海域躲避危险。在这项服务体系建立之前，卡萨布兰卡港口一度瘫痪了7个月，圣赫勒拿岛的港口内不止一次充斥着满是船只的残骸。而今，英国和美国正在测试的现代海浪记录仪器将很快为这些海岸提供更强大的安全保障。

12

看不见的东西最能让人想象力大开，海浪也是如此。海洋最大、最令人生畏的海浪并不为人所见，它们在深海深处秘密地移动，沉重且不停地滚动着。多年来，人们都知道北极探险队的科考船经常被困，在所谓的“死水”里艰难前行，现在学者们提出，这些“死水”其实是一层薄薄的内部波浪，介于表层淡水与下面的咸水交界处。20世纪初期，几名斯堪的纳维亚地质学家呼吁人们关注海底波浪的存在，但一代人后，科学界才拥有可以深入研究它们的仪器。

现在，尽管这些巨浪在海面下起落的原因依然成谜，但它们在海洋内存在的普遍性已被确证。深水中的海浪让潜艇剧烈颠簸，就像海面上的海浪让船左右摇摆一样。它们似乎在深海中与墨西哥湾流和其他强洋流相撞，就像海面上的海浪与相反的潮汐流戏剧性地相遇。只要是在不同水层交界的地方，就可能会发生内部波浪，就像我们看到空气和海洋的边界出现海浪一样。但是这些波浪从不会只在海面上移动。它们涉及的水量多得惊人，有些海浪一开始就能达到 300 英尺高。

至于它们对深海鱼类和其他生物的影响，我们目前只是略知一二。瑞典科学家指出，当内部波浪翻越潜坎进入瑞典的峡湾后，鲱鱼也会被裹挟或吸引进来。我们知道，在开阔海域中，不同温度或盐度的水团之间的边界往往是生物无法逾越的屏障，它会根据特定条件做精心调整。这些生物是否会随着深海波浪的翻滚而上下移动？大陆斜坡上的底栖动物会发生什么，它们能否进行调整以适应温暖不变的海水？当北极寒冷地区的海浪涌来，像风暴浪一样翻滚着冲击海洋深处的斜坡时，其命运又将会如何？目前我们还不得而知。我们只能感觉到，在汹涌的海洋深处，隐藏着我们无法解开的谜团。

第十章　风、阳光和地球自转

千万年来，阳光、大海和流浪的风喁喁私语。

——卢埃林·波伊斯

1949年仲夏，信天翁三号（ALBATROSS Ⅲ）在乔治海岸的浓雾中摸索了整整一周，我们这些船上的人亲身体验了洋流的威力。这里与墨西哥湾流隔着100英里以上的大西洋冰冷海水，但风一直从南方吹来，墨西哥湾流温暖的气息吹过海岸。温暖的空气和冷水结合产生了无尽的雾气。日复一日，信天翁三号仿佛在一个圆形的小房间里打转，房间的墙壁上挂着柔软的灰色帘幕，地面光滑如琉璃。有时，一只海燕振翅飞过这个房间，就像施了魔法一样，穿过墙壁进出房间。傍晚时分，太阳在落山之前，像一个银白色的圆盘挂在船索上，飘荡的雾带泛起漫漫光辉，这样的场景让我们在记忆中搜寻塞缪尔·柯尔律治[①]（Samuel Coleridge）的诗句。我们感知到某种强大的存

① 塞缪尔·柯尔律治（1772—1834），英国浪漫主义诗人、文艺批评家，湖畔派代表。——编者注

在，却看不见它，它近在咫尺却始终未露出庐山真面目，这种感觉比直接与洋流相遇更震撼。

从某种程度上来说，洋流是最壮观的海洋现象。想到它们，我们的思维立刻就离开了地球，好像可以从另外一个星球看到地球的旋转、扰乱地球表面或轻柔地环绕着它的风，以及太阳和月亮的影响。这些宇宙力量都与海洋的大型洋流密切相关，这让我想到了最适合它们的词语——行星流。

1

自地球诞生以来，洋流无疑已经多次变更了路线（比如，我们熟知的墨西哥湾流的历史不超过 6000 万年）；如果试图描述它们在寒武纪、泥盆纪或者侏罗纪时期的模样，那未免太过不自量力了。不过，就短暂的人类历史而言，洋流的主要模式几乎不可能发生重大变化。洋流给我们留下的第一个深刻印象就是它们的持久性。这不足为奇，因为产生这些洋流的力量在地球亿万年的时间里没有表现出发生重大改变的倾向。驱动洋流的主要力量是风，而能够改变它们的力量是太阳、地球不停地自转，以及陆地的阻挡作用。

海面并不是被太阳均匀加热的。暖水会膨胀变轻，而冷水则会变重，密度更大。这些差异可能导致两极和赤道的海水发生缓慢交换，热带地区的上层温水向着极地方向移动，而极地海水沿着海底向赤道缓慢移动。不过这些运动会被规模更大的风力驱动的洋流掩盖。信风是最稳定的风，它从东北和东南方向吹向赤道，驱动了全球的赤道流。旋转的地球会对风和水（就像对所有移动的物体，如船、子弹和鸟一样）施加偏转力，使北半球所有移动的物体向右偏移，使南半球所有移动的物体向左偏移。在所有力量的综合作用下产生了洋流，它是缓慢循环的涡流，在北部海洋中顺时针旋转，在南部海洋中逆时针旋转。

但凡事总有例外，印度洋就是一个重要的例外，它似乎永远与其他的海洋不一样。受反复无常的季风影响，它的洋流随着季节变化。在赤道以北，根据盛行的季风不同，巨大洋流的流动方向可能向东或向西。印度洋南部存在一个非常典型的逆时针模式：在赤道地区向西流动，沿着非洲海岸向南流动，乘着西风向南来到澳大利亚，经由曲折和季节性变化的路径向北流动，不时地与太平洋交换海水。

南大洋虽然只是一个环绕地球的连续水带，却是另外一个典型的洋流。它的海水总是不断地被西风和西南风吹向东方或东北方，而融冰向它注入了大量淡水，加快了它的速度。它不是一个封闭的循环，水通过表层洋流和深层通道被释放到邻近的海洋中，并接受对方回馈的海水。

2

在大西洋和太平洋中，我们能够最清楚地看到产生行星流的宇宙力量的相互作用。

或许是因为在漫长的世纪里，无数商船在大西洋上来回穿梭，海员对大西洋的洋流最为了解，海洋学家对它的研究也最多。在大航海时代，世世代代的海员都熟悉强劲的赤道流。它们向西进发的决心是如此坚定，船舶只有借助东南信风，才能进入南大西洋。1513 年，庞塞·德莱昂（Ponce de Leon）的 3 艘船从卡纳维拉尔角（Cape Canaveral）向南航行到托尔图加斯（Tortugas），发现有时他们无法沿着墨西哥湾逆流而行，并且虽然风很大，但是他们没有办法前进，只能后退。几年后，西班牙的船主们学会了利用洋流的优势，沿着赤道流向西航行，再沿着墨西哥湾流回到家乡，最远可以到达哈特拉斯角（Cape Hatteras），再从那里出发进入开阔的大西洋。

1769 年左右，时任北美殖民地邮政副署长的本杰明·富兰克林指导绘制了第一幅包含墨西哥湾流的海图。当时，波士顿海关总署曾抱怨，从英国来的邮件包向西过境，耗费时间要比罗得岛州的商船多两周。富兰克林对此大为困惑，请教了楠塔基特（Nantucket）岛的船长蒂莫西·福尔格（Timothy Folger），福尔格告诉他这很可能是真的，因为罗得岛州的船长们非常熟悉墨西哥湾流，向西穿越时可以避开它，而英国的船长们则不然。他解释，福尔格和楠塔基特岛的其他捕鲸人对墨西哥湾流很熟悉，因为：

在我们追捕鲸的过程中，鲸始终贴着墨西哥湾流的两侧游动，但从未出现在墨西哥湾流中。我们沿着墨西哥湾流的一侧前进，并频繁地穿越墨西哥湾流来到它的另一侧。在穿越它的过程中，我们有时会遇到正处在墨西哥湾流中、阻碍墨西哥湾流流动的邮递船，并与之交谈，我们告诉他们，他们正在逆着洋流而上，该洋流的速度达到 3 英里 / 时。但是他们过于自信，不愿意听从殖民地普通渔民的建议。

富兰克林认为可惜海图上没有标示出这个洋流，并请福尔格标记出来。后者将墨西哥湾流的路线刻在一张大西洋的旧海图上，并由富兰克林送到英国的法尔茅斯（Falmouth），交给邮递船船长，不过，他们没把它当回事。后来它在法国印刷出版，并在法国大革命结束后发表于《美国哲学学会学报》（*Transactions of the American Philosophical Society*）。美国哲学学会勤俭节约的编辑们为了节省成本，把富兰克林的海图和一个毫无关联的图合并在一起，即约翰·吉尔宾（John Gilpin）的一篇题为《鲱鱼的年度迁徙》（“Annual Migrations of the Herring”）论文的插图。后世的一些历史学家因此误认为，富兰克林关于墨西哥湾流的概念与左上角的插图之间存在联系。

3

如果没有巴拿马地峡阻挡水流偏转，北赤道流就会进入太平洋。事实上，在南美洲和北美洲分离后的许多地质时期里，它一定是这么做的。当白垩纪晚期巴拿马海底山脉形成后，这股洋流折回东北，成为墨西哥湾流，重新进入大西洋。墨西哥湾流从尤卡坦海峡向东穿过佛罗里达海峡，达到惊人的规模。如果以古老的海上“河流”的定义来衡量，它的宽度是95英里，从河面到河床的深度为1英里。它的流速接近3节，体积相当于几百条密西西比河。

即使是在用柴油提供动力的时代，佛罗里达州南部沿海的航运也表现出了对墨西哥湾流的充分尊重。无论哪天你乘坐一艘小船在迈阿密河下游航行，几乎都能看到大型货轮和油轮向南移动，其路线似乎与佛罗里达礁岛群非常接近。靠近陆地的一侧有一堵近乎完整的水下礁石墙，那里的大黑礁珊瑚堆积到海面下方一两英寻的地方。临海的一侧是墨西哥湾流，虽然大型船舶可以逆着墨西哥湾流向南航行，但需要耗费大量的时间和燃料，因此，它们在礁石和墨西哥湾流之间小心翼翼地择路而行。

佛罗里达州南部的墨西哥湾流的能量可能来自它向下流动的事实。强劲的东风在狭窄的尤卡坦海峡和墨西哥湾堆积了大量的表层海水，导致那里的海平面比开阔的大西洋还要高。在佛罗里达海湾沿岸的锡达礁（Cedar Keys），海平面比圣奥古斯汀（St. Augustine）高 19 厘米。洋流本身的水平面也不均匀，较轻的海水由于地球自转而向洋流的右侧偏转。因此在墨西哥湾流中，海面实际上是向右上方倾斜的。在古巴海岸，海洋比大陆高大约 18 英寸，这就完全颠覆了“海平面”字面上的含义。

4

墨西哥湾流向北沿着大陆斜坡抵达哈特拉斯角的远处海面，从那里向海洋方向偏转，离开了凹陷的陆地边缘。但是它给陆地留下了深深的印记。大西洋南部海岸的四个鬼斧神工的美丽海角——卡纳维拉尔角、恐怖角（Cape Fear）、卢考特角（Cape Lookout）和哈特拉斯角——显然都是墨西哥湾流经过时产生的强大漩涡塑造的。它们都是向海突出的尖角，海滩在每一对海角之间形成一条长长的弧形——这是墨西哥湾流漩涡有节奏旋转的体现。

墨西哥湾流越过哈特拉斯，离开大陆架，转向东北方向，成为一道狭窄蜿蜒的洋流，始终与两侧的海水界限分明。在大浅滩的“尾巴”上，拉布拉多寒流寒冷的深绿色北极海水和墨西哥湾流温暖的靛蓝色海水泾渭分明。冬季，洋流边界的温度突然发生变化，当一艘船穿过墨西哥湾流时，它的船头可能会瞬间进入比船尾高 20° 的海水中，仿佛有一道坚实的“冷墙”作为屏障，将两团水流隔开。世界上雾气最浓密的浅滩之一就在这个地区，位于拉布拉多寒流冷水之上，是一层像厚毯子一样的白色覆盖物，这是墨西哥湾流入侵寒冷的北部海域后引起的大气反应。

在墨西哥湾流感受到海底隆起的地方，就是著名的“大浅滩”的尾巴，它向东弯曲，并开始向外扩展，形成许多复杂弯曲的水舌。或许是北极水，也就是从巴芬湾和格陵兰岛流下来的水的力量，承载着冰山，将墨西哥湾流推向东方，再加上地球自转的偏向力，总是使洋流向右偏折。拉布拉多寒流本身（一股向南移动的洋流）向大陆的方向偏转。下一次，当你疑惑为什么美国东部某些海滨度假胜地的海水如此冰冷时，请记住，拉布拉多寒流正在你和墨西哥湾流之间流淌。

穿过大西洋之后，墨西哥湾流从洋流变成了一股漂流的水流，向三个主要方向散开：向南进入马尾藻海；向北进入挪威海，在那里形成漩涡；向东温暖了欧洲海岸（部分水流甚至会进入地中海），然后在那里更名为加那利寒流，与赤道流汇合形成环流。

［1961年版注：现在，海洋学家流行谈论墨西哥湾流系统，这反映了哈特拉斯角以东不再存在一条连续的温暖洋流，只有一系列重叠的洋流，像屋顶上的瓦片一样排列。这些洋流不仅“重叠”，且又狭窄又快速。长期以来，人们一直认为，位于大浅滩以东的几条主要支流发源于大浅滩以西很远的地方，不是通常意义上的洋流支流，而是一系列新鲜的洋流，每一道新洋流都在相邻的旧洋流的北侧形成。

随着海洋学家对海洋环流动力学的研究日渐深入，他们对海洋的水和空气之间的相似性感到震惊。墨西哥湾流的主要研究人员之一哥伦布·伊瑟林（Columbus Iselin）用一个有趣的类比来描述墨西哥湾流的支流：“类似的现象似乎存在于中纬度西风带高海拔地区的大气急流中……虽然每道大气急流的纬度都比墨西哥湾流系统重叠的支流更大。”

近来，海洋学一大鼓舞人心的消息就是发现了一股强大的洋流，在南赤道流下方流动，但与南赤道流的方向正好相反。它的中心位于海面以下约 300 英尺处（尽管在科隆群岛附近的东端较浅）。这道海下洋流大约有 250 英里宽，以大约 3 节的速度沿着赤道向东流动至少 3500 英里（海面洋流的速度仅为 1 节左右）。它的发现者是汤森·克伦威尔号（Townsend Cromwell），1952 年由美国鱼类及野生动物管理局指挥，对金枪鱼捕捞方法进行调查。汤森·克伦威尔号观察到，在赤道处为捕捞金枪鱼而放下的长渔线，并未像预期的那样随着海面洋流向西移动，而是向相反的方向快速漂流。但直到 1958 年，斯克里普斯海洋研究才对洋流进行了大规模调查，并测量了其惊人的规模。这次调查进一步证明，深海环流远比人们通常认为的要复杂得多，因为在快速向东流动的洋流之下，还存在另外一股向西流动的洋流。因此，仅仅在太平洋赤道海域最上游半英里处，就存在三条大型的洋流，每一条都位于另一条之上，每一条都按照自己的路线独自流动。如果这样的调查一直延伸到海底，无疑会揭示一幅更加复杂的画面。

就在详细描绘这道太平洋洋流的前一年，英美海洋学家发现，在墨西哥湾流和巴西洋流之下，有一股自北大西洋向南流向南大西洋的逆流。是新的技术使得这些发现成为可能。随着它们的应用越来越广泛，我们对深海环流不再一无所知。]

5

南半球的大西洋洋流实际上是北半球洋流的镜像。巨大的洋流呈螺旋状，沿逆时针方向向西、南、东和北方流动。这里的主导洋流位于海洋的东部，而非西部。它就是本格拉寒流，一条沿着非洲西海岸向北移动的冷水流。南赤道流是大洋中部一股强大的“水流”（根据挑战者号上科学家的说法，它像水车的水流一样流经圣保罗群岩），它在南美洲海岸外的北大西洋失去相当比重的水——大约600万立方米/秒。余下的部分变成了巴西洋流，它向南绕行，然后转向东方，形成南大西洋或者南极绕极洋流。洋流整体上是一个浅水运动系统，大部分深度不超过100英寻。

太平洋的北赤道流是地球上最长的向西流动的洋流，在它从巴拿马到菲律宾的9000英里的路程中，没有任何让它的方向偏转的因素。直到它在菲律宾遇到岛屿阻碍，大部分洋流才向北流动，形成日本暖流——相当于亚洲的墨西哥湾流；一小部分继续向西流动，在迷宫般的亚洲岛屿中摸索前行；部分会折返，并沿着赤道往回流动，成为赤道逆流。日本暖流——因其海水呈深靛蓝色，又被称为黑潮——沿着亚洲东部的大陆架向北滚动，直到被一大片从鄂霍次克海和白令海涌出来的大量冷水——亲潮——驱离大陆。日本暖流和亲潮在一个多风多雾的地方相遇，就像在北大西洋，墨西哥湾流和拉布拉多寒流的相遇也是以雾气为标志。日本暖流向美洲漂移，形成了北太平洋大漩涡的北部边界。随着来自亲潮、阿留申群岛和阿拉斯加的极地冷水的注入，它温暖的海水变得冰冷。当它到达美洲大陆时，它已经成为一股沿着加利福尼亚海岸向南移动的寒流。在那里，海水因从深处上升的水流而进一步冷却，这与美洲西海岸温和的气候有很大关系。它在下加利福尼亚州处与北赤道流汇合。

南太平洋广袤无垠，在这里发现最强大的洋流似乎也是情理之中，但事实并非如此。南赤道流的路线经常被岛屿打断，岛屿总是使洋流偏转进入中央盆地。在大多数季节里，当洋流抵达亚洲时，已经是一股比较微弱的洋流，迷失在马来群岛和澳大利亚周围混乱无序的海水中。

西风漂流或者南极洋流——向着极地的螺旋状弧线——诞生于世界上最强的风中，咆哮着穿越大片几乎没有陆地的海域。就像南太平洋的大多数洋流一样，我们对这方面的细节尚不完全清楚。唯一彻底研究过的洋流是秘鲁寒流，它对人类有直接影响，足以让其他洋流都相形见绌。

6

秘鲁寒流沿着南美洲西海岸向北流动。它携带的海水几乎和它的发源地南极一样寒冷。但它的寒冷实际上来自深海，因为该洋流得到了从深层海域不断上涌的水流的补充。正是因为秘鲁寒流，企鹅才能在赤道附近的科隆群岛上生存。在这些富含矿物质的冰冷海域中，存在丰富的海洋生命，这或许是世界上任何其他地方都无法与之相比的。这些海洋生物的直接捕食者不是人类，而是数以百万计的海鸟。海岸悬崖和岛屿上被太阳晒干的白色鸟粪堆，使南美洲人间接获得了秘鲁寒流带来的财富。

应秘鲁政府的要求，罗伯特 · E. 库克（Robert E. Coker）研究了秘鲁的鸟粪产业，生动地描述了秘鲁人的生活。他写道：

一大群一大群的小鱼，也就是秘鲁鳀鱼，被大量鲣鱼、其他鱼类和海狮追捕，同时还被成群的鸬鹚、鹈鹕、塘鹅和其他丰富的海鸟捕食……或许在世界上任何其他地方都无法像在这里一样，看到如此多成群结队的鹈鹕，低空移动的鸬鹚群，或者如雨点般密集的塘鹅。这些鸟几乎完全以鳀鱼为食。而鳀鱼不仅……是大型鱼类的食物，也是鸟类的食物，也是每年大约 20 万吨高质量鸟粪堆的来源。

库克博士估计，秘鲁产粪海鸟每年吃掉的鱼相当于美国渔业总产量的四分之一。这种饮食习惯将海鸟与海洋中的所有矿物质联结起来，因此它们的排泄物是世界上价值最高、最有效的肥料。

秘鲁寒流大约在布兰科角（Cape Blanco）所在的纬度离开南美洲海岸，向西进入太平洋，把它凉爽的海水带到赤道附近。在科隆群岛附近，它引发了一种奇怪的海水混合，秘鲁寒流的冷绿色水流和赤道的蓝色海水在裂口和泡沫线处交汇，暗示着海洋深处隐藏的运动和冲突。

7

某些对立水团之间的冲突可能是最引人注目的海洋现象之一。在深层水对表层海水的置换过程中，伴随着浅层的嘶嘶声和叹息声，海面上一条条的泡沫线，混乱的湍流和海水的翻腾，甚至听起来像是遥远浪花的声音。一些栖息在海洋深处的生物可能会被裹挟到海面，成为水团向上运动的证据，并引发吞噬和被吞噬的狂欢。在哥伦比亚海滨，罗伯特·库什曼·墨菲在阿斯科号（Askoy）就亲眼见证了这样一个夜晚。夜色静谧漆黑，但海面的变化清楚地表明深水正在上升，船下方深处的对立水团正在发生冲突。在帆船的周围，又小又陡的海浪跃起，转化为白色的浪花，被发光生物的蓝色火焰照耀着。突然之间，

在船的两侧，不知离船多远处，似乎有一条暗线，就像一堵前进的水墙，正在向我们逼近……我们可以听到附近混乱的水面溅起水花和轻柔的声音……没过多久，我们就看到，缓缓逼近的涌浪或者流向左侧的涌浪上散布着点点发光的泡沫。法伦（Fallon）和我不约而同地想到了关于海洋地震激潮的模糊荒诞的想法。我们深感无助，因为船的引擎出故障，又没有风推动船的舵柄转动。一切像梦境一样缓慢地进行着，让我感觉自己还没有摆脱三小时睡眠的束缚。

然而，当那镶着白色轮廓的黑暗的威胁来到我们面前时，我们发现它实际上只是一片舞动的海水，向空中抛出仅有一英尺左右的浪峰，在阿斯科号的钢翼上敲打出痕迹。

很快，一种尖利的嘶嘶声从黑暗中传到船的右侧，这种声音与小海浪的爆发截然不同，随之而来的是奇怪的叹息声和喘气声……而喘气的是数十条或数百条黑鲸，它们在到达船

底后不久就沿着阿斯科号的舱底翻滚，笨拙地移动，并下潜到舱底……我们可以听到它们的隆隆声、打嗝声等狂欢作乐的喧闹。在探照灯的长光下，我们发现这嘶嘶声来自小鱼的跳跃。光所到之处，它们朝着四面八方跳跃，跃向空中，然后像冰雹一样掉落下来。

海面的生命在翻腾，其中大部分是深海来客。龙虾的幼体，有色水母，一种像鲱鱼一样的小鱼，脸被咬掉的银色斧头鱼，头低垂的舵鱼，毛孔闪闪发光的灯笼鱼，红紫色的梭子蟹，以及其他我们无法一眼说出名字的生物，它们都太小了，有些甚至无法看清……

一场大屠杀正在进行。小鱼在吃无脊椎动物或过滤浮游生物，鱿鱼在追捕各种尺寸的鱼类，黑鲸无疑对鱿鱼情有独钟……

夜色渐深，丰富的生物和捕食的激烈场面在不知不觉中消失。最终，阿斯科号再一次躺在水面上，海面像油一样静止，而且死气沉沉，跳跃海浪的拍打声越来越远，最后消失在远方。

8

上述激荡人心的上升流现象少有人目睹，但这一过程肯定经常发生在许多海岸和开阔海域。无论它发生在哪里，它都是多样生命的源泉。世界上一些最大的渔场就依赖于上升流。阿尔及利亚海岸以沙丁鱼渔场闻名，这里有丰富的沙丁鱼，因为深海的寒冷上升水流提供了大量硅藻所需的矿物质。摩洛哥西海岸、加那利群岛和佛得角群岛对面的地区，以及非洲的西南海岸也有大量的上升流，随之而来的是丰富的海洋生物。阿曼苏丹附近的阿拉伯海和哈丰角（Cape Hafun）附近的索马里海岸也有数量惊人的鱼群，两者都出现在有深海冷水上升流的区域。阿森松岛北部的南赤道流有一个海底海水上升产生的“冷水舌”，拥有异常丰富的浮游生物。合恩角以东，南乔治亚岛周围的上升流，使这里成为世界捕鲸中心之一。在美国西海岸，沙丁鱼的年捕捞量有时高达 10 亿磅，使其成为世界最大的渔场之一。如果没有上升流，这是不可能的。上升流触发了生物链：矿物质、硅藻、桡足类、鲱鱼。沿着南美洲西海岸，上升流维持了秘鲁寒流惊人的丰富生命，它不仅使洋流在到达科隆群岛的 2500 英里的过程中保持寒冷，也把深海中的营养盐带了上来。

海岸线附近的上升流是多种力量综合作用的结果——风、海面洋流、地球自转和大陆地基隐藏的斜坡的形状。当风在地球自转偏转力量的作用下，将表层海水吹向近海时，深层海水一定会上升，以取代表层海水。

上升流也可能存在于开阔海域，但起因完全不同。当两条湍急的洋流分离，下面的海水会涌上来，填补水流分离形成的空缺。太平洋赤道流的最西端就是如此，强劲的洋流在那里调转方向，部分回流形成逆流，部分向北流向日本。这些都是混乱而汹涌的海域。强大的向北引力，使对地球旋转的力量敏感的主洋流向右偏转。涡流和漩涡使较少的水流再次回转，回到东太平洋。从深海上涌的上升流填补了水流之间的沟槽。海水因此而不安躁动，深海的上升流带来冷水和丰富的营养物质，较小的浮游生物繁衍生息，为大型浮游生物提供食物，而后者又为鱿鱼和鱼类提供食物。这些海域蕴藏着异常丰富的生命，有证据表明，这种情况可能已经持续了数千年。瑞典海洋学家最近发现，在洋流分离的区域，沉积物层异常厚实——它是由数十亿在此地生存死亡的微小生物的遗骸构成的。

9

表层海水向下运动进入深海，与上升流一样值得关注，或许更让人敬畏、更神秘，因为人看不见它，只能凭空臆测。我们已知晓有几个地方，大量海水有规律地向下流动。这些海水会注入一些深海洋流，但我们对其流向了解寥寥。不过我们知道，这都是海洋平衡系统的一部分，海洋通过这个平衡系统回收一部分最近“借”出去的海水。

比如，北大西洋通过赤道流接收来自南大西洋的大量表层海水（大约 600 万立方米 / 秒）。回收在深海进行，一部分在冰寒的北极水域，另一部分在某些盐分最高、最温暖的海域，比如地中海。北极海水在两个地点——拉布拉多海和格陵兰岛东南部——向下流动。在每一处，海水都以 200 万立方米 / 秒的惊人速度大规模下沉。地中海深处的海水，从将地中海盆地和开阔的大西洋分开的海底山脊上流出。这座山脊位于海面以下约 150 英寻处。海水之所以能够溢出岩石边缘，是因为地中海的特殊情况。炽热的阳光照射在几乎封闭的水面上，造成了极高的蒸发率，蒸发进入大气中的水比河流流入补偿的水还多。因此海水变得越来越咸，密度越来越大。随着蒸发的继续，地中海的表面下降到大西洋表面以下。为了弥补这种不平衡，来自大西洋的较轻的海水以强大的海面洋流从直布罗陀海峡奔涌而来。

如今我们很少考虑这个问题，但在大航海时代，因为这种海面洋流的存在，进入大西洋需克服重重困难，一份1855年的旧航海日志记录了洋流和它的实际影响：

天气晴好。中午时分，船驶入阿尔米拉湾（Almira Bay），停靠在罗克塔斯村（Roguetas）附近。我发现大量船只正在那里等待机会向西航行，并从船主那里了解到，从这里到直布罗陀，至少有1000艘船的航行因恶劣天气而受阻。有些已经被困了6周，甚至有些已经到达马拉加（Malaga）又被洋流卷回来。事实上，在过去的3个月里，没有一艘船能够离开这里驶进大西洋。

后来的测量结果表明，这些海面洋流以大约3节的平均速度流入地中海。流向大西洋的海底洋流更为强劲。它向外流动的力量如此强大，会摧毁放入海下测量它的海洋探测仪器，将其重重撞击海底的石头。直布罗陀附近的法尔茅斯电缆线曾经像剃须刀的边缘一样被磨得锋利，因此不得不作废，并在近海铺设一条新的电缆。

10

在大西洋北极地区下沉的海水，以及溢出直布罗陀海底山脊的海水，向海洋盆地的较深处大规模扩散。它们穿过北大西洋，跨越赤道，继续向南流动，穿过从南大洋向北流动的两层海水。一部分南极海水与来自格陵兰、达布拉多和地中海的大西洋海水混合，然后一同回到南方。另一部分南极海水则越过赤道向北移动，最远可达哈特拉斯角所在的纬度。

这些深水的流动根本算不上“流动”；它的步伐笨拙又缓慢，冰冷的海水沉重且平稳地移动。但其数量极其庞大，所涉区域遍布全球，甚至可能包括深海海水。洋流在全球漫游的过程中，促进了一些海洋动物的分布——这里指的不是海面生物，而是在黑暗的深海中栖息的生物。根据我们对洋流来源的了解，在南非海岸和格陵兰岛海岸已经发现了一些相同种类的深海无脊椎动物和鱼类。并且，南极、北极和地中海深海海水交汇的百慕大群岛，有着比其他任何地方都更丰富多样的深海生命形态。也许正是在这些没有阳光的水流中，一代又一代怪异的深海居民随水漂流，得以生存和繁殖，因为这些缓慢流动的洋流几乎一成不变。

没有哪片海水是独属于太平洋、大西洋、印度洋或南大洋的。我们现在在弗吉尼亚海滩或者拉荷亚发现的海浪，可能在许多年以前曾经拍打过南极冰川的底部，或者曾在地中海的阳光下闪烁着光芒，然后才穿过黑暗的、看不见的水道，来到我们现在发现它们的地方。这些深藏不露的暗流使海洋成为一个整体。

第十一章　潮涨潮落

无论在哪个国家，月亮都永远与大海紧密相关，相处融洽。

——比德[①]（Bede Venerabilis）

海洋中的每一滴水，哪怕是在海底最深处的海水，都难逃创造出潮汐的神秘力量的影响。没有任何力量对海洋的影响能与潮汐媲美。与潮汐相比，风产生的浪是可以感知的海面运动，其影响深度最多不超过海面以下 100 英寻。同样地，地球洋流再声势浩大，其影响深度也难超几百英寻。从下述例子就可以看出大量的水如何受到潮汐运动的影响：潮汐携带着 20 亿吨海水，每天两次进入北美洲东海岸的一个小海湾——帕萨马科迪（Passamaquoddy）湾，并携带 1000 亿吨水进入芬迪湾全域。

潮汐影响整个海洋（从海面到海底）的例子比比皆是。在墨西拿海峡，两股方向相反的潮汐流形成漩涡，其中一个就是

① 比德（约673—735），英国编年史家，神学家。——编者注

著名的卡律布狄斯（Charybdis）。漩涡深深地搅动着海峡的海水，经常将带有深海生物特征的鱼——它们的眼睛退化或者异常大，它们的身体遍布磷光器官——抛上灯塔海滩。整个区域为墨西拿的海洋生物研究所提供了源源不断的深海动物标本。

1

潮汐是流动的海水对月球和更遥远的太阳引力的回应。理论上来说，宇宙最遥远的恒星都会对每一滴海水产生万有引力。但实际上，遥远天体的引力非常微弱，与月亮和太阳对海洋的引力相比，几乎可以忽略不计。凡是生活在海洋附近的人都知道，控制潮汐的主要是月亮而非太阳。由于每天月亮升起的时间都比前一天平均晚 50 分钟，故而在大多数地方，每天涨潮的时间也会相应滞后。随着月亮在每个月的阴晴圆缺，潮汐的高度也会有所变化。最强的潮汐运动每月发生两次，一次在朔月（月亮呈现一线）时，一次在满月时。这时潮汐被称为满潮，也叫大潮，涨潮和退潮之间的潮差达到最大。在这个时候，太阳、月亮和地球呈一条直线，两个天体对地球的引力叠加在一起，使海水高高地漫过海滩，掀起海浪，冲上海边的悬崖，并汹涌地涌入港湾，让码头边的船只高高漂起。另外每月还有两个时间，也就是上弦月和下弦月，太阳、月亮和地球呈三角形排列，太阳和月亮对海水的引力方向相反，此时潮汐运动最和缓，涨潮和落潮时的潮差最小，又称为小潮。

太阳的质量是月球的 2700 万倍，但它对潮汐的影响竟然比不上地球的一颗小卫星，这委实让人吃惊。因为在宇宙力学中，距离远近比质量大小更重要，通过充分的数学计算可知，月球对潮汐的影响是太阳的 2 倍多。

2

真实的潮汐要比上面的解释复杂得多。太阳和月亮的影响会随着月相的变化、二者与地球的距离以及各自在赤道南北的位置而不断变化。无论是天然水体还是人工水体，都有自己的振荡周期，这使潮汐变得更复杂。搅动水体，它们会上下或水平摇摆运动，在容器的末端最为明显，在容器的中心最微弱。潮汐科学家认为，海洋中有很多海盆，每个海盆都有自己的振荡周期，由其长度和深度决定。太阳和月亮的引力使海水产生波动，但波动的类型，也就是周期，取决于海盆的物理尺寸。这对实际潮汐来说意味着什么，后文将做解释。

潮汐向我们呈现了一个发人深省的悖论：推动潮汐运动的是完全来自地球之外的宇宙力量，对地球各个部分的影响应该一般无二，但发生在特定地点的潮汐却带有地方特点，即使相隔很短的地理距离，也可能迥然不同。夏日我们在海边悠闲度假时，或许会意识到我们小海湾里的潮汐与 20 英里之外朋友所在海岸的潮汐不同，与其他地方的潮汐也更为迥异。如果我们在楠塔基特岛避暑，划船和游泳基本可以无视潮汐，因为高潮和低潮只有一两英寸之差；但如果我们选择在芬迪湾的上游区域度假，我们就必须得适应起伏幅度 40~50 英尺的海浪，即便两地都同属缅因湾。或者，如果我们在切萨皮克湾度假，我们会发现同一海湾的不同地点，每天涨潮的时间可能相距多达 12 小时。

真相是：当地地形是决定“潮汐”特征的最重要因素。天体的引力使水体发生运动，但运动的形式、距离和强度取决于所在地的海底坡度、水道的深度或者海湾入口的宽度。

美国国家大地测量局拥有一台神奇的自动控制仪器，可以预测世界任何地方过去或未来任意日期潮汐的时间和高度，前提是，一定要在某个时候全面收集当地信息，来了解当地的地形特征如何改变和引导潮汐运动。

3

最显著的差异或许是潮差。在不同地区，潮差的区别很大。所以，一地居民认为会引发灾难的满潮，在 100 英里外的沿海社区看来可能是小儿科。世界上最高的潮汐出现在芬迪湾，当大潮发生时，湾头附近的米纳斯盆地（Minas Basin）的海面升高了 50 英尺左右。世界上至少有 6 个地方拥有潮差超过 30 英尺的潮汐，包括阿根廷的里奥加耶戈斯（Puerto Gallegos），阿拉斯加的库克湾（Cook Inlet），戴维斯海峡（Davis Strait）的弗罗比舍湾（Frobisher Bay），流入哈得孙海峡的科克索克河（Koksoak River），以及法国的圣马洛湾（Bay of St. Malo）。而在许多其他地方，“满潮”可能仅意味着海水上升 1 英尺或几英寸。比如塔希提岛的潮汐起伏平缓，高潮和低潮相差不超过 1 英尺。大多数海岛上的潮差不大。但我们不能对这些地方一概而论，因为相距不远的地方可能会以截然不同的方式回应潮汐引力。在巴拿马运河的大西洋端，潮差不超过一二英尺；但是在它 40 英里开外的太平洋端，潮差是 12~16 英尺。鄂霍次克海是潮汐高度变化的另一个例子。大部分海域内的潮汐都是温和的，潮差只有 2 英尺左右；但在某些区域，潮差可达 10 英尺；在潘金斯克湾（Gulf of Penjinsk）的湾头处更是达到 37 英尺。

为什么在同样的日月引力条件下，在一些海岸，海水会上升到四五十英尺的高度，而在另外一些海岸只会上升几英寸？例如，芬迪湾的大潮如何解释？为什么在同一个大洋的海岸上，距离芬迪湾仅有几百英里的楠塔基特岛的潮差只有 1 英尺多?

潮汐振荡理论似乎为这种局部差异提供了最好的解释：每一个天然海盆中的水面在产生振荡的时候，都有着一个几乎不受潮汐影响的振荡中心。楠塔基特岛正好位于海盆的振荡中心附近，几乎没有波动，因此潮差很小。沿着海盆沿岸向东北方向走，潮差会越来越高。在科德角的瑙塞特港（Nauset Harbor），潮差达到了 6 英尺，在格洛斯特（Gloucester）达 8.9 英尺，在西郭德岬（West Quoddy Head）达 15.7 英尺，在圣约翰（St. John）岛达 20.9 英尺，在富丽岬（Folly Point）高达 39.4 英尺。芬迪湾新斯科舍海岸的潮差略高于新不伦瑞克省海岸，而湾头的米纳斯盆地则有着世界上潮位最高的潮汐。芬迪湾潮浪的汹涌澎湃是多种因素综合作用的结果。芬迪湾位于振荡海盆的边缘。此外，海盆的自然振荡周期约为 12 小时，与海潮的周期非常接近。因此，海湾内的水在海潮的作用下不断发生剧烈波动。海湾上游狭窄而且较浅，迫使大量的水涌入一个不断缩小的区域，从而导致芬迪湾出现很高的潮差。

4

潮汐的节律以及潮差因海洋而异。在世界各地，涨潮与退潮交替，就像夜晚跟随白天。但每个农历日是有两次涨退潮还是仅有一次，并没有一定之规。对于那些最了解大西洋——无论是大西洋东岸还是西岸——的人来说，每天两次涨落潮的节律似乎是再正常不过的。在这里，每一次涨潮时，海水都会上升到前一次涨潮的高度，接下来的退潮也会后退到同样低的位置。但是对于大西洋的内海——墨西哥湾来说，大部分海域则是另一种画风。这里的涨潮充其量只不过是轻微的起伏，幅度不超过一两英尺。在墨西哥湾沿岸某些地方，潮汐是一种长期的、从容的波动，每个太阴日（时长为 24 小时 50 分）中出现一次涨潮和一次退潮，就像古人想象的地球怪兽平静的呼吸。世界各地都存在这种“每日的律动”，比如圣米歇尔（Saint Michael）、阿拉斯加、越南的涂山郡（Do Son），以及墨西哥湾。迄今为止，世界上大部分海岸——太平洋盆地的大部分地区和印度洋沿岸——都是全日潮和半日潮混合出现。一天中有两次涨潮和两次退潮，但第二次的涨潮可能和第一次不一样，很少能上升到平均海平面的高度；第二次退潮也可能和第一次迥然不同。

为何有的海域以一种节律回应日月引力，而别的海域用另一种节律，这难以一概而论，尽管潮汐科学家通过数学运算，对这个问题已非常清楚。为探究其原因，我们必须回顾引潮力的各种单独要素，包括太阳、月亮和地球不断改变的相对位置。虽然每项要素都会对地球和海洋的各区域产生不同程度的影响，但根据各地的地理特征，个别要素的影响会更大。由于大西洋海盆的形状和深度，它对产生半日潮的力量反应最强烈；而太平洋和印度洋则同时受到引发全日潮和半日潮的力量的影响，从而产生混合潮。

塔希提岛是一个典范，说明即使是一小块区域，也可能特别对某一种引潮力做出回应。据说，在塔希提岛上，有时你可以通过眺望海滩、观察潮水的涨落阶段来判断时间。这种说法并不完全准确，但也并非无稽之谈。它的满潮一般出现在中午和午夜，低潮一般发生在早上和傍晚六点。可见，影响这里潮汐的主要要素并非月亮，否则它发生的时间会每天提前 50 分钟。为什么塔希提岛的潮汐是受太阳而非月亮推动呢？最主流的解释是，月球引起了海盆的振荡，而这座岛正好位于海盆的振荡中心。因此它几乎不对月球引力做出任何回应，海水的律动完全遵照太阳引潮力的节奏。

5

如果有某个宇宙观察者想要记录地球潮汐的历史，那么很显然，他会提及，潮汐在地球形成早期最为强盛，之后力量越来越衰弱，规模越来越小，直到某天烟消云散。因为潮汐并非永恒存在，和地球上的其他东西一样，它们的生命是有限的。

在地球早期，潮汐的到来一定是一件了不得的事。如果月球像我们在前文所假设的那样，是由地球外壳的一部分撕裂而成的，那么曾经有一段时间，它一定非常靠近它的母体。之后它被推离地球，并且距离地球越来越远，经过了20亿年才到达现在的位置。当它离地球的距离只有现在一半的时候，它对海洋潮汐的影响力大约是现在的8倍，在某些海岸，潮差甚至可以达到数百英尺。但当时地球只有几百万年历史，假使当时形成了深海盆地，也一定无法理解潮汐的行为。汹涌的水流每天两次淹没大陆沿岸地区。海浪的活动范围被潮汐大幅扩大，因此海浪可以冲击高耸的悬崖顶部，并冲向内陆，侵蚀陆地。如此汹涌的潮汐，无疑会加剧年轻地球的荒凉和不宜居性。

在这种条件下，任何生物都无法在海岸上生存，或者说越过海岸。我们有理由相信，要不是后来条件发生变化，地球不会进化出比鱼类更高级的生物。但之后的数百万年里，由于月球产生的潮汐的摩擦，月球逐渐后退，距离地球越来越远。在海底，大陆浅海边缘和内海海水凭借本身的力量在缓慢摧毁潮汐，同时在潮汐的摩擦力下，地球的自转在逐渐减慢。在地球早期阶段，地球绕地轴完成一个自转的时间较短，也许只要4小时。从那时起，地球的自转速度大大减慢，如今我们都知道，一次自转约需24小时。根据数学家的说法，这种推迟可能会一直持续下去，直到一天的时间达到现在的50倍左右。

与此同时，潮汐的摩擦力还带来第二个影响，也就是将月球越推越远，现在已经推出了20多万英里。(根据力学定律，地球自转速度减慢，月球自转速度就会加快，在离心力的作用下，月球会越发远离地球。)当然，随着月球的后退，它对潮汐的控制力也会越来越小，越来越弱。月球也需要更多的时间才能绕地球公转一圈。最终，当一日的时间和一月的长度一样时，月球将不再围绕地球旋转，也不会再有太阴潮了。

6

当然，这一切都需要时间，至于具体多久那就难以想象了，很可能在它发生之前，人类已经从地球上消失了。既然这看起来像是赫伯特·威尔斯[①](Herbert Wells)对遥远未来的

---

① 威尔斯(1866—1946)，英国作家，著有《时间机器》《星际战争》等科幻著作。——编者注

幻想，我们大可将此束之高阁。但即使在人类出现以来的历史上，我们也可看到这些宇宙变化过程带来的一些影响。普遍认为，现代人的一天要比巴比伦时代的一天长几秒。英国皇家天文学者最近呼吁美国哲学协会关注一个事实，即人类很快将不得不在两种时间中做出选择。潮汐导致每天的时间都在变长，这使人类的计时系统变得更加复杂。传统的钟表是与地球的自转同步的，不会显示白昼变长的影响。现在人们正在建造的新型原子钟则与普通时钟不同，显示的是实际时间。

虽然潮汐变得越来越温顺，规模也从几百英尺变成了几十英尺，但海员们仍非常关心潮期和潮流的变化，以及海洋中许多与潮汐间接相关的剧烈运动和扰动。人类头脑的任何发明都不能驯服潮汐波，或者控制海水潮起潮落的节律，即使是最先进的仪器，也不能在潮水上涨到足够深之前让船驶过浅滩。就连玛丽女王号（Queen Mary）也要停靠在纽约码头内，等待海水缓慢上涨，否则潮汐流的力量可能会将它甩到码头上碾碎。在芬迪湾，由于潮差很大，某些港口的活动必须遵循潮汐的节奏，船只的卸货时间只有每次涨潮时的那几小时，而且要迅速离开，避免退潮时被困在泥滩中。

在狭窄通道的限制下，或者当遭遇反方向的风和涌浪时，潮汐流经常会带着无法控制的巨大破坏力移动，形成世界上最危险的水道。稍稍阅读世界各地的《沿岸引航》和《航行指南》，就能了解这种潮汐流对航行的威胁。

《阿拉斯加航海手册》（*Alaska Pilot*）中有这样的描述："除了缺乏勘测外，阿留申群岛附近船只受到的最大威胁是潮汐流。"船只从太平洋进入白令海，最常走的就是乌纳加（Unalga）和阿库坦（Akutan）航线，在这里，强大的潮汐流倾泻而下，就算在离岸很远的地方也能感受到，让一些船意外地撞向礁石。潮水在涨潮时，以堪比山洪的速度通过阿昆海峡（Akun Strait），带着危险的漩涡和溢流。它们从这里通过时，如果遇到风或涌浪，就会掀起汹涌巨浪。航海指南中警告："船必须做好波涛打上来的准备"，因为激潮可能会突然掀起15英尺高的波浪，横扫船只，造成多人死亡。

7

在世界的另一边，潮水从开阔的大西洋向东流，穿过设得兰群岛和奥克尼群岛进入北海；退潮时，海水又经过同样狭窄的通道返回。在潮汐的某些阶段，这些海水遍布危险的漩涡、奇怪的隆起或险恶的坑洼。即使是在风平浪静的天气里，船只也会被警告要避开彭特兰海峡的漩涡，即威尔基（Swilkie）漩涡；如果退潮时又恰巧吹西北风的话，威尔基漩涡会掀起滔天巨浪，对过往船只构成威胁，“经历过一次以后，很少有船只会鲁莽地再尝试第二次”。

潮汐的可怕面目，被埃德加·爱伦·坡[①]（Edgar Allan Poe）变成了文学作品，即《大漩涡底余生记》（*Descent into the Maelstrom*）。读过这个故事的人很少会忘记它戏剧性的情节：老人将同伴带到临海高崖，让他看着下面海水如何在岛屿间狭窄通道里翻滚，它邪恶的泡沫和浮渣，它令人不安的冒泡和翻腾，直到旋涡突然形成，从狭窄的水道奔腾而过，发出骇人的声音。接着，老人讲述了自己坠入大漩涡并奇迹般逃脱的故事。大多数读者都好奇这个故事有多少真实性，有多少是爱伦·坡非凡的想象力创造出来的。但在爱伦·坡描述的地方，确实存在大漩涡，就在挪威西海岸罗弗敦群岛的两座岛屿之间。就像他描述的那样，这是一个大漩涡或一系列大漩涡，人类连同船一起被卷入这些旋转的水漏斗中。虽然爱伦·坡的叙述有些夸大其词，但他的叙述是有据可循的，一份实用而详尽的《挪威西北和北部海岸的航行指南》（*Sailing Directions for the Northwest and North Coasts of Norway*）证实了这一点：

---

① 埃德加·爱伦·坡（1809—1849），美国诗人、小说家和文学评论家。——编者注

虽然谣言夸大了莫斯肯漩涡（Malström 或 Moskenstraumen）的重要性，但流经莫斯肯（Mosken）和罗弗敦海岬之间的它，仍然是罗弗敦群岛最危险的潮流，它的破坏力在很大程度上是场地不平整造成的……随着潮汐强度的增加，短浪变得越来越猛烈，洋流变得越来越不规则，形成大漩涡。在此期间，任何船只都不能进入莫斯肯漩涡。

这些漩涡是倒钟型的空腔，口部宽且圆，底部收窄。它们在最初形成时候最大，随着洋流运动，逐渐变小直至消失。在一个漩涡消失之前，新的漩涡会接二连三、相继出现，仿佛海洋中出现了许多坑洞……渔民们断言，如果他们能够意识到自己正接近漩涡，并有时间的话，快速将船桨或其他大块物体扔进漩涡中，就能安全逃脱；因为当漩涡的旋转被打断时，就会有海水突然从四面八方涌入来填补空缺。同理，在强风中，当海浪碎裂时，虽然可能会形成漩涡，但不会出现空洞。经常有船和船上的人被卷入萨尔特流漩涡（Saltström）中，造成大量生命损失。

8

潮汐最知名的杰作可能就是涌潮。世界上至少有 6 个著名的涌潮。当涨潮的大部分潮水以单一海浪，最多两三个海浪的形式进入河流时，又陡又高的涌潮就形成了。涌潮形成的原因有以下几个：必须有相当大的潮差，再加上河口沙洲或者其他障碍物导致潮汐受到阻碍而后退，最后聚集力量并向前冲。亚马孙河之所以引人注目，是因为它的涌潮可以一直向上游移动达约 200 英里，这就使它可能在同一时间有多达 5 道潮流逆流而上。

中国钱塘江上的一切航运活动都要视涌潮的影响而定，这里也是世界上规模最大、最危险和最著名的涌潮。古代中国人曾经向河流中投入祭品，以祈求涌潮平息。随着河口泥沙淤积的变化，涌潮的规模和汹涌程度似乎每隔百年甚至十年就会发生变化。现在，在每个月的大部分时间里，激潮以 8~11 英尺高的波浪向河流上游推进，以 12~13 节的速度移动，它的前端是一个倾斜的泡沫瀑布，向前坠落，冲击着自身和河面。它在满月和新月大潮时最为凶猛，据说在这些时候，前进海浪的波峰会高出水面 25 英尺。

北美洲也有一些涌潮，虽然没那么壮观。新不伦瑞克省佩蒂科迪亚克河（Petitcodiac River）上的蒙克顿（Moncton）的涌潮，只有在满月或新月大潮时才蔚为壮观。阿拉斯加州库克湾的坦纳根海湾（Turnagain Arm），潮位很高，潮流很强，在特定条件下，涨潮的潮水会以涌潮的形式涌入。它向前推进的前端可能有 4~6 英尺高，会对小船构成威胁，所以发生涌潮时，船只会停放在远高于浅滩的地方。在涌潮到来之前大约半小时，就可以听到它的声音，它缓慢地移动着，发出类似于海浪拍打在海滩上的声音。

各地都可以看到潮汐对海洋生物和人类的影响。地球上数以亿计的附着动物，比如牡蛎、贻贝和藤壶，都得感谢潮汐，因为它们无法自己觅食，是潮水给它们带来了食物。生活在潮间带的生物，进化出了许多奇特的形态和结构，来适应这样险恶的环境，因为它们生活的地方，同时面临着干涸而死的危险和被冲走的危险，面临着来自海洋的敌人和来自陆地的敌人。在这里，最脆弱的生物组织也必须以某种方式去承受风暴浪的冲击，这些风暴浪可以轻松移动重达数吨的岩石，或者粉碎最坚硬的花岗岩。

9

然而，最令人惊奇的微妙适应性体现在，某些海洋动物将自己的繁殖节奏调节得与月亮的阴晴圆缺和潮汐的涨落节奏一致。欧洲人皆知，牡蛎的产卵活动在大潮来临时最活跃，大约是满月或者新月之后 2 天左右。在北非海域中有一种海胆，在月圆之夜，显然也只在那个时候，它才会释放出生殖细胞。

在世界上许多热带水域中，都存在一些小型海洋蠕虫，它们的产卵行为会精确地根据潮汐周期进行调整，人类观察它们，就能知道此时的月份、日期和一天中的时辰。

在太平洋的萨摩亚附近，有种矶沙蚕生活在浅海的底部、岩石洞穴和珊瑚礁中。它们每年两次离开洞穴，分别是在10月和11月下弦月的小潮期间，成群结队地浮上海面。为此，每一只矶沙蚕都将身体一分为二，一半留在岩石通道中，另一半则携带卵来到海面释放。这种情况发生在下弦月前一天的黎明时分，然后在第二天继续；而到了产卵的第二天，海水可能会因为庞大的虫卵数量而变色。

斐济的水域中也有类似的海虫“玛洛洛”（Mbalolo），人们将该海虫在10月的产卵期称为“小玛洛洛”（Mbalolo laila），11月的产卵期称为“大玛洛洛”（Mbalolo levu）。吉尔伯特群岛（Gilbert Islands）附近类似的生物会在6月和7月回应某种特定月相。在马来群岛，在3月和4月满月之后的第二个和第三个夜晚，当潮汐最高的时候，一种与其有血缘关系的海虫会在海面上成群游动。日本矶沙蚕则会在10月和11月的朔月和满月过后蜂拥而至。

一个反复出现的问题至今悬而未决：这种行为是潮汐以某种未知的方式驱动的，还是受到了更神秘的月球的影响？或者事情要简单得多，是水体的压力和有节奏的运动使动物在某种程度上产生了这种反应？但为什么这种现象只在一年的某些潮汐发生时出现，为什么有些物种会选择在满月大潮时产卵，而另一些物种则会选择在水流运动幅度最小时延续种族？至今没人能给出答案。

10

在所有生物中，一种长约人手、闪闪发光的小鱼——银汉鱼——对潮汐节律的配合最为精准。不知道它经历了何种适应过程，也不知道经过了几千年，银汉鱼不仅掌握了潮汐每天的规律，也了解了潮汐的月周期和高潮时刻。它根据潮汐周期来调整产卵周期，整个种族的生死存亡取决于这种调整的精准度。

3 月到 8 月的满月之后不久，银汉鱼就出现在加利福尼亚海滩的海浪中。潮水到达涨潮阶段，减弱，停滞并开始撤退。就在这些退潮的波浪中，鱼群开始涌进来。当它们随着浪尖冲向海滩的时候，它们的身体在月光下闪闪发光，它们会在潮湿的沙滩上停留好一会儿，然后投身到下一波海浪的浪潮中，被带回大海。退潮后，这种情况大约会持续 1 小时，成千上万的银汉鱼涌上海滩，离开海水，再回到海洋中。这就是这个物种的产卵行为。

在连续海浪的短暂间隔期间，雄鱼和雌鱼聚集在潮湿的海滩上，一个产卵，一个受精。它们回到海水里，留下一大堆深埋在沙子里的卵。那天晚上相继到来的海浪不会冲走这些卵，因为潮水已经退去。下一次涨潮的海浪也不会触碰到它们，因为在满月之后的一段时间内，每一次涨潮在海滩上前进的距离都没有之前的远。这样，这些卵至少在两个星期内都不会受到打扰。它们在温暖、潮湿和适宜孵化的沙子中发育。两周之内，它们完成了从受精卵到幼鱼的神奇转变，发育完好的小银汉鱼仍然被困在卵膜内，被埋藏在沙子里，等待释放。随着新月的潮汐，这一刻终于到来。海浪冲刷着埋藏了一团团银汉鱼卵的地方，海浪的漩涡和急流深深地搅动着沙子。当沙子被冲走后，鱼卵感受到了冰冷海水的触摸，卵膜破裂，小鱼孵化，在自由海浪的带领下，回到大海的怀抱。

11

但在我的记忆里，最能体现潮汐和生物之间联系的是一种非常小的蠕虫，它的身体扁平，外观平平无奇，却有一种特质，让人难以忘怀。这种蠕虫名为薄荷酱蠕虫（*Convoluta roscoffensis*），它生活在布列塔尼（Brittany）北部和海峡群岛

（Channel Islands）的沙滩上。薄荷酱蠕虫与绿藻合作共生，绿藻的细胞栖居在蠕虫体内，使其组织呈现出绿色。蠕虫完全依靠植物制造的淀粉生存，由于它完全依赖于这种营养方式，以至于消化器官已经退化。为了使藻类细胞能够进行光合作用（这需要阳光），当潮水退去后，薄荷酱蠕虫就从潮间带潮湿沙子中爬出来，这时沙子上会出现成千上万只蠕虫组成的大片绿色斑块。在退潮的几小时里，蠕虫就这样沐浴在阳光下，而植物则制造淀粉和糖类。当潮水再次上涨时，蠕虫必须再次沉入沙子中，以避免被冲走而进入深水。因此，蠕虫的整个生命周期都是受潮期控制的一系列运动——潮落时来到阳光下，潮起时进入沙子下。

薄荷酱蠕虫最令我印象深刻的一点是：有时，海洋生物学家为了研究相关问题，会把一整群蠕虫转移到实验室，安置在没有潮汐的鱼缸里。但是，薄荷酱蠕虫仍然会每天两次出现在鱼缸底部的沙子上，沐浴阳光，也会每天两次沉入沙子中。它没有大脑，也没有我们称为记忆的东西，甚至没有任何非常清晰的感知。它只是用小小的绿色身体里的每一根纤维记住遥远海洋的潮汐节奏，继续在这个陌生的地方生活。

下篇　人类和周围的海洋

第十二章　地球恒温器

暴风出于南宫，寒冷出于北方。

——《约伯记》

当第一次有人提议建造巴拿马运河时，欧洲发出了强烈的抨击之声。尤其是法国人，抱怨说这样一条运河会让赤道流流入太平洋，墨西哥湾流将不复存在，欧洲的冬季气候将会冰冷刺骨。惊慌失措的法国人对海洋的预测完全是错误的，但他们对一个普遍原则的认知是正确的——气候和海洋环流模式之间存在密切联系。

1

经常有人提出宏大方案，想要改变或试图改变洋流的模式，从而随意改变气候。据称，有方案试图将寒流水潮从亚洲海岸转向，也有其他想要掌控墨西哥湾流的方案。1912 年前后，美国国会有议员提出议案，要求拨款修建一座从雷斯角（Cape Race）向东穿过大浅滩的防波堤，来阻挡从北极向南流动的寒潮。支持者认为，如此，墨西哥湾流将会更偏向美国北部大陆，让沿岸的冬天变得温暖。这项拨款未获批准。即便提供了资金，也没有理由相信，当时或后来的工程师能够成功地控制洋流的流动。幸亏如此，因为这些方案往往会事与愿违。事实上，如果让墨西哥湾流更靠近美国东海岸，只会让冬天变得更糟糕，而非更舒适。北美大西洋沿岸的风通常是向东吹的，也就是从陆地吹向大海。墨西哥湾流上空的气团很少会来到美国，但墨西哥湾流温暖的海水确实会对我们的气候产生影响。冬季，冷风在重力的作用下，会被推向暖水上方的低气压区。1916 年冬天，墨西哥湾流的温度高于往年，而东海岸则是严寒冰雪交加，让人记忆犹新。如果我们让墨西哥湾流靠近近海，那么冬天只会更冷，来自内陆的风只会更强——天气不会变得更暖和。

但是，如果说北美东部的气候基本不受墨西哥湾流的影响，那么对于“下游”的陆地来说，情况则迥然不同。正如我们所见，墨西哥湾流的暖水在常见的西风推动下，从纽芬兰大浅滩向东漂流，并几乎立刻分为几条支流。一条向北流向格陵兰岛西海岸，消解了由东格陵兰洋流带往费尔韦尔角（Cape Farewell）周围的冰水。另一条流向冰岛的西南海岸，给冰岛的南岸带来温暖，最后消失在北极水域。不过，墨西哥湾流的主要分支（称为北大西洋流）则是向东流动。它很快又形成了几个分支。其中，最南端的支流转向西班牙和非洲，最后并入赤道流。最北端的支流在冰岛低压区域季风的推动下，匆匆向东流去，在欧洲海岸汇聚起同纬度最温暖的海水。比斯开湾以北最能感受到它的影响。当洋流沿着斯堪的纳维亚海岸向东北翻滚时，又会产生许多向西弯曲的侧向支流，将温暖的海水气息带到北极群岛，并与其他洋流混合，形成错综复杂的漩涡和涡流。斯匹次卑尔根岛虽然地处北极，但它的西海岸被其中一条侧向支流温暖，在夏天也是繁花似锦；而受到极地洋流影响的东海岸则贫瘠荒凉，让人望而却步。温暖的洋流流经北角（North Cape），使哈默菲斯特（Hammerfest）和摩尔曼斯克（Murmansk）等港口成为不冻港，而波罗的海海岸以南 800 英里的里加（Riga）却是一片冰天雪地。最终，北大西洋洋流流到北冰洋的新地岛附近，汇入冰冷北海的一片汪洋中。

2

墨西哥湾流虽然始终是暖水流，但温度每年都在变化，有时看似微小的变化，却会深刻地影响欧洲的气温。英国气象学家 C. E. P. 布鲁克斯（C. E. P. Brooks）将北大西洋比作“一个大浴缸，安装了一个热水龙头和两个冷水龙头”。热水龙头指的是墨西哥湾流，而冷水龙头指的是东格陵兰寒流和拉布拉多寒流。热水龙头的体积和温度都是变化的，冷水龙头的温度几乎恒定，但体积变化很大。这三个水龙头的调节决定了东大西洋的海面温度，并影响着欧洲的天气和北极海域的状况。例如，东大西洋冬季温度相较往年略微升高，将使欧洲西北部的积雪更早融化，土地更早解冻，春耕更早开始，收成也更好。它也意味着，春季冰岛附近的冰会比往年少，而巴伦支海的浮冰量将会在一两年后减少。欧洲科学家已经充分证实了这些联系。或许将来欧洲大陆在进行长期天气预报时，可将海洋温度纳入考虑范围。但这需要广泛收集大片区域的温度数据，而目前我们尚无法做到这一点。

［1961 年版注：20 世纪 50 年代，水温记录设备取得了重大进展。通过在船尾装载由热敏电阻组成的测温链，就可以连续记录数百英尺深处的水温。只要线缆足够长，电子深海温度测量仪可以测量任何深度的水域温度数据。人们对早期的深海温度测量仪做了重要改进，位于甲板上的记录器可以在船舶航行过程中，将测得的温度持续绘制成图表。机载辐射温度计是海洋温度研究中另一项革命性成果，它安装在飞机上，在海上飞行时可以记录海面温度，精度达到几分之一度。海洋学家认为这种仪器仍不够成熟，精度有待进一步改进。不过，

在 1960 年伍兹霍尔海洋研究所测绘墨西哥湾流边缘的过程中，它已经初显身手。携带它的飞机低空飞行了大约 3 万英里，获得了墨西哥湾流各个区域的表面温度数据。]

对于整个地球来说，海洋是一台大型温度调节器，也是一台大型恒温器。它被描述为“太阳能储蓄银行，在日照过多的季节储存，在缺乏光照的季节支取”。如果没有海洋，我们将面临难以想象的极冷极热，因为覆盖着地球表面四分之三的水具有特别的性质，吸热和散热能力都相当优良。由于其巨大的热容量，海洋可以吸收大量的太阳热量，让我们感觉不太“热”；也可以释放很多热量，让我们感觉不太“冷”。

3

通过洋流的作用，冷热可以传递数千英里。发源于南半球信风带的温暖洋流，即使经过 1 年半时间，7000 多英里的旅程，仍能保持其显著特性，因此追踪起来并不困难。洋流能重新调整热量的分配，弥补太阳对地球的不均匀加热。事实上，洋流将赤道的热水带到极地，并通过拉布拉多寒流和亲潮等表面洋流，以及更重要的深海环流，使两极冷水返回赤道。全球热量的重新分配，大约有一半由洋流完成，而另一半由风完成。

海水占地球表面积大部分，因此海水和海洋上方空气直接接触的面积非常大。在海水表面与其上的薄薄空气界面上，存在极其重要的、持续不断的相互转化。

海洋的冷暖受到大气的影响。大气会吸收蒸发的水蒸气，把大部分盐留在海里，从而增加了海水的盐度。当围绕地球的大气质量发生变化，海面承受的压力也会改变，高气压区域的海面会被挤压而下降，低气压区域的海水则会补偿性上升。在风力的推动下，海洋表面会掀起波浪，推动洋流前进，降低海岸迎风面的海平面，提高海岸背风面的海平面。

但海洋对大气的影响更大。它对大气温度和湿度的影响，远非空气传递给海洋的些微热量可以比拟。将给定体积的水加热 1℃所需热量，是将等体积的空气加热到同样温度所需热量的 3000 倍。每立方米的水冷却 1℃损失的热量，可以将 3000 立方米空气的温度升高 1℃。或者另举一个例子，1 米深的水层冷却 1℃，可以使 33 米厚的空气层温度升高 10℃。空气温度还和大气压力密切相关。在空气寒冷的地方，压力往往很高；温暖的空气则有利于低压形成。因此，海洋和空气之间的热量传递会改变高压带和低压带，这深刻地影响了风向与风力，并决定了风暴的活动路径。

海洋上空大约有 6 个永久高压中心，南北半球各 3 个。它们不仅控制着周围陆地的气候，也影响着整个世界，因为它们是地球上大部分盛行风的发源地。信风就发源于南半球和北半球的高压带。它们在吹过辽阔海洋时，会保持自身的特性；只有在陆地上方时，才会被打断，从而改变方向。

海面上还有低压带，通常位于温度比周围大陆高的海域，尤其是在冬季。移动的低气压气流或气旋风暴会不请自来，迅速穿过这些区域或绕过其边缘。因此，冬季风暴会穿过冰岛低气压区，越过设得兰群岛和奥克尼群岛，进入北海和挪威海；其他风暴则会受到斯卡格拉克海峡和波罗的海上空其他低压带的吸引，进入欧洲内陆。主导欧洲冬季气候的，或许是冰岛南部温暖水域上方的低压带，而非其他。

大部分落在海洋和陆地上的雨水都来自海洋。它们最初是水蒸气，被风搬运，在温度变化时作为雨水降落。欧洲的大部分降雨都来自大西洋海水的蒸发。在美国，来自墨西哥湾和西大西洋热带水域的水蒸气和暖空气，沿着宽阔的密西西比河谷蜿蜒而上，为北美洲东部大部分地区提供降雨。

一个地方是属于温差巨大的大陆性气候，还是属于受海洋调节的海洋性气候，并不取决于它与海洋的距离，而是取决于洋流和风的模式，以及大陆的地形地貌。北美东海岸气候受海洋影响较小，因为盛行风来自西方。而西海岸则处在数千里外海洋吹来的西风的路径上。太平洋潮湿的气息带来了温暖宜人的气候，并造就了加拿大不列颠哥伦比亚省、美国华盛顿州和俄勒冈州茂密的雨林。不过，由于与海岸线平行的海岸山脉的抵挡，太平洋的影响在很大程度上被局限于沿海的狭长地带。相比之下，欧洲则是无遮无拦面向大海，“大西洋气候”影响着数百英里的内陆地区。

看似矛盾的是，世界上某些地方正是因为靠近海洋才变成干燥的沙漠。阿塔卡马沙漠（Atacama）和卡拉哈里沙漠（Kalahari）的干旱都与海洋脱不开干系。滨海沙漠出现之处，总能发现这个组合条件：盛行风吹过西海岸，寒流经过沿岸。在南美洲西海岸，寒冷的秘鲁寒流从智利和秘鲁海岸向北流动——这是流向赤道的太平洋海水的大回流。由于深海海水不断上涌，这股洋流一直保持冰冷。近岸冷水的存在，使得该地区十分干旱。午后，海洋上方冷空气形成的凉爽海风吹向炎热陆地。它们在到达陆地后，会沿着海岸边的高山向上升。随着海拔的上升，冷空气的降温大于陆地对它们的加热，因此水汽无法凝结。虽然这个地区常年云雾缭绕，看似马上要下雨，但只要秘鲁寒流还循着惯常的路线沿岸流动，降雨就是痴人说梦。从阿里卡（Arica）到卡尔德拉（Caldera）地区，每年的降雨量通常不到一英尺。这是一个完美平衡的系统——只要它保持平衡。一旦秘鲁寒流稍稍偏离路线，就会引发灾难性后果。

受到来自北方的热带暖流的影响，秘鲁寒流有时会偏离南美洲大陆。这时就会出现灾年。该地区的所有经济活动都依赖于干燥的气候。在厄尔尼诺（暖流的别称）年里，暴雨倾盆而下，赤道地区的瓢泼大雨倾泻在秘鲁海岸尘土飞扬的山坡上。土壤被冲走，泥棚崩塌，农作物被毁。海上的情况则更加糟糕，冷水动物在温暖的海水中生病死亡，而以在寒冷海域捕鱼为生的鸟类要么迁移，要么饿死。

沐浴在本格拉寒流中的非洲海岸地区也位于山海之间。这里有干燥低沉的东风，从海洋刮来的凉风在接触到炽热的陆地后，湿度增加。薄雾在寒冷的海域上形成后涌向岸边，但全年的降水量却微不足道。在沃尔维斯湾（Walvis Bay）的斯瓦科普蒙德（Swakopmund）地区，年均降水量只有 0.7 英寸。不过，这种情况只有在本格拉寒流主导海岸气候时才出现。与秘鲁寒流一样，一旦本格拉寒流减弱，那就是灾年。

4

北极和南极地区的天差地别，再好不过地展示了海洋巨大的影响。众所周知，北极基本是被陆地包围的海洋，而南极则是被海洋包围的陆地。尚不确定，分别是陆地和海洋的地球两极是否会对地球产生深远的物理学影响，但这一事实对这两个地区气候的影响无疑是相当显著的。

冰雪覆盖的南极大陆沉浸在寒冷的海水中，受到极地反气旋的控制。大风从陆地吹来，击退任何想要让它变得温暖的要素。这个严酷世界的平均温度从未超过冰点。光秃秃的岩石上生长着地衣，这种灰色或橙色的植物勉强覆盖住贫瘠荒凉的峭壁。雪地上遍布更耐寒的藻类，如同红色的细小斑点。苔藓隐藏在山谷和裂缝中，以躲避寒风摧残。而较高等级的植物，则只有稀稀拉拉几丛草能够勉强立足。南极没有陆地哺乳动物，这里的动物只有鸟类、无翅蚊子、少量苍蝇和微小的螨虫。

北极的夏天与之形成鲜明的对比，那里的苔原上开满了五颜六色的花朵。除了格陵兰冰盖和一些北极岛屿，北极夏天的温度足以让植物生长，植物将一生浓缩在短暂、温暖的夏季，奋力生长，繁衍。限制植物在极地生长的不是纬度，而是海洋。正如我们所见，北冰洋被陆地环绕，强劲的北大西洋流能通过格陵兰海这个大缺口，进入北冰洋。温暖的北大西洋流给冰冷的北部海域带来暖意，使得北极在气候和地理上都与南极迥然不同。

5

任凭四季轮转，海洋日复一日地支配着世界的气候。在地球漫长的历史长河中，关于气候变化的长期波动——冷热交替，或者干旱和洪水的交替——海洋是否也是推手之一？一个有趣的理论给出了肯定的答案。它强调，深海的变化与气候的周期性变化相关，进而会影响人类的历史进程。该理论的提出者是著名的瑞典海洋学家奥托·佩特森（Otto Pettersson），他活了近百岁，于 1941 年去世。佩特森在多篇论文中阐述了他的理论的方方面面，建构起完整的体系。同时期许多科学家对其印象深刻，也不乏质疑之声。在那个时代，几乎没有人能够想象深海中海水流动的情况和状态。如今这个理论已被现代海洋学和气象学重新验证，最近，C. E. P. 布鲁克斯宣称："佩特森的理论和太阳活动的理论现在看来都是站得住脚的。从公元前 3000 年至今，气候的实际变迁可能在很大程度上就是太阳活动和佩特森所认为的海洋活动共同作用的结果。"

回顾佩特森的理论，也就是回顾人类的历史，审视自然之力如何控制着人类，尽管人们根本不了解这些力量的本质，甚至压根没有察觉它们的存在。佩特森的观点或许是他的生活环境的自然产物。佩特森出生在波罗的海的海边，那里拥有复杂而奇妙的水文特征，93 年后他也在这里去世。他的实验室建在陡峭的悬崖上，俯瞰古尔马峡湾（Gulmarfiord）的深海，是波罗的海入口。实验室的仪器忠实地记录了各种深海异象。当海水涌进内海时，海水会下沉，使得表层的淡水向上翻滚。深海里，在盐水和淡水交接处，有一道非常明显的断面，就像海面的天际线一样。从佩特森的仪器记录可以看出，深层海水遵循固有规律，且活动剧烈。每天都有大量海水会涌入内海，且每隔 12 小时达到最高强度，之后渐渐平息。佩特森很快就确定了这种现象与每日潮汐有关，并称为“月浪”。之后，通过长期测量这种深海波浪的波动范围与规律，他进一步明确了它与不断变化的潮汐周期的相关性。

在古尔马峡湾，有些深海波浪能够达到近 100 英尺高。佩特森认为，它们是由海洋潮汐波冲击北大西洋海底山脊而形成的，仿佛大量高盐度海水受到了月亮和太阳的牵引，自深海翻涌而出，汹涌地冲入峡湾和海岸。

6

佩特森顺理成章地从海底潮汐波联想到另一个问题——瑞典鲱鱼业的起起伏伏。他的家乡布胡斯兰（Bohuslan）曾经是中世纪汉萨鲱鱼大渔场的所在地。在整个 13 到 15 世纪，通往波罗的海的狭窄通道——松德（Sund）和贝尔茨（Belts）都在从事大规模的鲱鱼产业。斯克诺尔镇和法尔斯特布镇都经历了空前的繁荣，似乎无穷无尽的银色的鱼为他们带来滚滚财富。然后，鲱鱼业突然消失了，因为鲱鱼撤回了北海，再不进入波罗的海的门户了；这使荷兰变得富裕，使瑞典变得贫穷。为什么鲱鱼不再来了？佩特森觉得自己知道答案，这个答案来自他实验室里那支记录笔，它在一个转筒上来回转动，记录下古尔马峡湾海底波浪的运动。

佩特森发现，随着日月引力的变化，海底波浪的高度和强度也会发生变化。通过天文计算，他了解到在中世纪的最后几个世纪里，潮汐的力量最强，这也是波罗的海鲱鱼业的鼎盛时期。当时太阳、月亮和地球处于冬至方位，对海洋产生了最大的引力。每隔 1800 年，这些天体才会呈现出这种特殊关系。中世纪时期，大规模海底波浪带着浩大力量，通过狭小的通道冲进波罗的海，而鳕鱼群也被裹挟而去。但后来，波浪逐渐变弱，鲱鱼就停留在了波罗的海以外的北海。

之后，佩特森意识到了另一个重大事实：海底巨浪存在的几百年里，自然界中也发生了“非比寻常的大事”。极地的冰封住了北大西洋的大部分。北海和波罗的海海岸被猛烈的风暴洪水淹成一片废墟。冬季“莫名其妙的严酷”，导致地球上所有人口稠密的地区都发生了政治和经济灾难。这些事件和那些看不见的移动海水之间存在联系吗？深海波浪会影响人类和鲱鱼的生活吗？

基于这个想法，佩特森逐渐酝酿形成一个气候变化理论，于 1912 年他发表的有趣论文《历史和史前时期的气候变化》（“Climatic Variations in Historic and Prehistoric Time”）中提出。通过整理科学、历史和文学方面的证据，佩特森证明了，温和气候和恶劣气候的交替周期，对应着海洋潮汐的循环周期。最近一次的最大潮汐出现在 1433 年左右，而最严酷的气候也发生在同一时间，它的影响在之前之后的几百年里都能感受到。最小潮汐的影响在公元 550 年表现得最明显，并将在 2400 年左右再次出现。

7

在最近一次的温暖气候时期，欧洲海岸以及冰岛和格陵兰岛附近海域几乎见不到冰雪。那时，维京人在北部海域自由航行，僧侣们在爱尔兰和冰岛之间往返，英国和斯堪的纳维亚国家之间交往十分便利。根据《萨迦》[①]（*Sagas*）的记载，

---

① 《萨迦》，北欧故事传说集，包括家族和英雄传说。——编者注

当红发埃里克[1]（Eric the Red）航行到格陵兰岛时，他从海上而来，在冰河中间登陆，再沿着海岸向南走，想看看那里的陆地是否适合居住。第一年，他在埃里克岛过冬，那可能是在984年。《萨迦》中并未提及，埃里克在岛上探险的几年曾受浮冰所阻，也未提及格陵兰岛周围或格陵兰岛和瓦恩兰岛（Wineland）之间存在浮冰。《萨迦》中描述的埃里克的探险路线是从冰岛向西直行，然后沿着格陵兰岛东海岸继续前行，但这个路线在最近几个世纪中是行不通的。13世纪，《萨迦》第一次提出警告，警告前往格陵兰岛的人不要从冰岛以西直行，因为海洋中存在浮冰，但并未推荐新的路线。到14世纪末，旧的航行路线被废弃，新的航行方向更偏西南方向，以免遇到浮冰。

早期版本的《萨迦》也提及：格陵兰岛盛产优质水果，岛上放牧的牲畜数量；挪威人定居在现在的冰川脚下，以及因纽特人传说中古老的房屋和教堂（现在都被埋在冰下）。丹麦国家博物馆曾派出考古探险队，但始终未能找到古老记录中提到的所有村庄。不过发掘结果清楚地表明，殖民时期的气候肯

① 指埃里克·瑟瓦尔德森（950—1003），生于挪威，探险家、海盗，外号“红发埃里克”。他发现了格陵兰岛，并在那里建立了一个斯堪的纳维亚人的定居点。——编者注

定比现在的气候更加暖和。

但暖和的气候条件从 13 世纪开始恶化。因纽特人开始频繁袭击殖民者，引发冲突，或许是因为北部他们往年狩猎海豹的海域结冰了，他们食不果腹。于是他们袭击了今阿梅拉立克峡湾（Ameralik Fiord）附近的西部殖民地。1342 年左右，一个东部殖民地的使团来到此处，找不到一个殖民者，只看到了零星几头牛。1418 年之后，东部定居点被夷为平地，房屋和教堂在大火中化为灰烬。或许格陵兰岛殖民地的悲剧，一定程度上是因为冰岛和欧洲的船越来越难以到达格陵兰岛，殖民者只能自力更生。

欧洲也发生了一系列非同寻常的天灾，欧洲人因此感受到了格陵兰岛在 13 和 14 世纪时遭遇的严酷气候。荷兰海岸被风暴洪水摧毁。根据冰岛的古老记录，14 世纪早期的冬天，成群的狼穿过冰面从挪威迁徙到丹麦。整个波罗的海都结成冰，在瑞典和丹麦群岛之间形成一座坚固的冰桥。行人和马车络绎不绝地穿过结冰的海洋，冰面上建起的酒吧和客栈接待了这些远道而来的客人。波罗的海结冰，似乎改变了发源于冰岛南部低压带的风暴的路线。因此，欧洲南部出现了不寻常的风暴、农作物歉收、饥荒和灾难。冰岛文学中有大量关于 14 世纪火山喷发和其他剧烈自然灾害的故事。

8

根据潮波理论，发生在公元前 3 世纪或 4 世纪的上一个寒冷风暴时代是怎样的呢？从早期的文学作品和民间传说中可窥一二。冰岛阴郁忧伤的诗集《埃达》（*Edda*）中提到，那场灾难是一个不知何时结束的冬天，也被称为“众神的黄昏”，冰雪交加的日子持续了好几代人。公元前 330 年，当古希腊地理学家皮西亚斯（Pytheas）远行到冰岛北部的海域时，他提到了“冻成一团的冰寒之海”（mare pigrum）。古代历史文献也记载了北欧民族不断迁徙，时间正吻合风暴、洪水和气候灾难爆发的时期。“蛮族”被灾难逼迫着向南迁移，也动摇了罗马帝国的统治。大规模的海潮摧毁了在日德兰半岛（Jutland）的条顿人和辛必里人（Cimbrians）的家园，迫使他们南迁至高卢（今法国、比利时等地）。根据德鲁伊人（Druids）的传说，他们的祖先来自莱茵河对岸，被异族入侵和“海水大肆倒灌”驱逐离开。公元前 700 年左右，北海海岸的琥珀贸易路线突然向东转移。旧路线沿着易北河、威悉河和多瑙河，穿过布伦纳河口（Brenner Pass），到达意大利。新路线则沿着维斯瓦（Vistula）河，表明供应的来源是波罗的海。缘由也许在于风暴洪水摧毁了早期的琥珀区，就像在那之后的 1800 年，洪水再次入侵一样。

在佩特森看来，所有这些与气候变化有关的古老记录似乎都表明，海洋环流和大西洋的条件已经发生了周期性变化。他写道："过去的六七百年里，没有发生任何可能影响气候的地质变化。"洪水泛滥、冰封等现象的本质让他想到了海洋环流的混乱。基于他在古尔马峡湾实验室里的研究，他认为气候变化的原因在于，潮汐引起的海底波浪扰动了极地海洋的深海水域。虽然在这些海域，海面潮汐的运动通常很弱，但在下层盐度高的温暖海水和上层盐度低的冷水交界处，却产生了强烈波动。在数年或数百年强大潮汐力的作用下，巨量的北大西洋流挤入北冰洋的深海，在冰层下移动。之后，原本封冻数千平方英里的冰开始部分解冻，破碎。大量浮冰进入拉布拉多寒流，随之向南流入大西洋。这改变了与风、降水和气温密切相关的海面环流的模式。因为浮冰接下来袭击了纽芬兰南部的墨西哥湾流，使它的路线向东偏移，温暖的表层水流转向，远离了它通常所影响的格陵兰岛、冰岛、斯匹次卑尔根岛和北欧大陆。冰岛以南的低压带位置也发生了变化，对欧洲气候产生了进一步的直接影响。

根据佩特森的说法，虽然极地地区真正的灾难性扰动每1800年才会出现一次，但也存在其他时间相隔的节奏周期，比如每 9 年、18 年或者 36 年。这些对应着其他潮汐的周期。它们引发的气候变化持续时间较短，破坏性也较弱。

9

比如，1903 年是令人难忘的一年。北冰洋突然封冻，大大影响了斯堪的纳维亚渔业。从芬马克（Finmarken）和罗弗敦，到斯卡格拉克海峡和卡特加特（Kattegat）海峡海岸，鳕鱼、鲱鱼和其他鱼类数量断崖式下滑。一直到 5 月，巴伦支海的大部分海域都被浮冰覆盖，冰层比以往任何时候都更靠近摩尔曼海岸和芬马克海岸。成群的北极海豹来到这些海岸，一种驼背白鲑更是迁徙到克里斯蒂安娜峡湾（Christiana Fiord），甚至现身波罗的海。这一年，地球、月亮和太阳所处的相对位置，正好能够产生大潮汐引力。

1912 年，地球、月亮和太阳处于相似的相对位置，而拉布拉多寒流迎来了一个大冰年，泰坦尼克号沉船事件也是在这一年发生。

有生之年，我们正在见证气候的惊人变化，奥托·佩特森的观点或许是一种可行的解释。现在已经可以确定，北极气候大约在 1900 年发生了明确的变化，到 1930 年前后已经非常明显，现在这种变化正在向亚北极和温带地区蔓延。显然，寒冷的世界之巅正在变暖。

最能体现出北极气候变暖趋势的，可能是北大西洋和北冰洋的航行变得更便利。例如，1932 年，尼波维奇号（Knipowitsch）在北极航行史上第一次环绕法兰士・约瑟夫群岛（Franz Josef Land）。3 年后，苏联破冰船萨特阔号从新地岛的最北端到达北地群岛以北的一点，然后到达北纬 82°41′——这是船只靠自己的力量能够到达的最北端。

1940 年，整个欧洲和亚洲的北部海岸在夏季的几个月里都没有结冰，100 多艘船经由北极航线从事贸易。1942 年圣诞周期间，一艘船在格陵兰岛西部港口乌佩尼维克（Upernivik，北纬 72°43′）卸货，当时正处于“漆黑一片的冬季”。20 世纪 40 年代，西斯匹次卑尔根港口运煤的时间段从 20 世纪初的 3 个月延长到 7 个月。冰岛附近的浮冰季节比一个世纪前缩短了 2 个月左右。1924 年至 1944 年期间，苏联北冰洋海域内的浮冰减少了 100 万平方千米，拉普捷夫海（Laptev Sea）中两座由巨量冰块形成的岛屿完全融化，只留下海底的礁石提醒人们它们曾经存在过。

自然界的活动也反映了北极变暖，许多鱼类、鸟类、陆地哺乳动物和鲸都改变了生活习惯和迁徙习性。

10

有史以来，很多鸟类第一次出现在遥远的北方陆地上。这些南方来客种类繁多，皆是在 1920 年之前从未造访格陵兰岛的鸟类，包括美国丝绒海番鸭、大黄脚鹬、美国反嘴鹬、黑眉信天翁、北部崖燕、灶巢燕、交嘴雀、橙腹拟鹂、加拿大威森鹰等。而一些在寒冷气候中生活的高纬北极物种现身格陵兰岛的数量急剧减少，表明它们对温暖气候的厌恶。这包括北方角百灵、灰斑鸻和斑胸滨鹬。自 1935 年以来，冰岛也有大量来自美洲和欧洲的北方甚至亚热带的鸟类访客。林莺、云雀、红喉歌鸲、朱雀、林鹨和鸫鸟都为观鸟者提供了更丰富的视觉盛宴。

当 1912 年鳕鱼第一次出现在格陵兰岛的昂马沙利克（Angmagssalik）时，因纽特人和丹麦人倍感新奇。在他们的记忆中，这种鱼从未在岛屿东海岸出现过。他们开始捕捉这种鱼。到了 20 世纪 30 年代，它已支撑起该地区庞大的渔业，当地人都开始依赖这种食物。人们还用它的油作为油灯燃料，为房子取暖。

在格陵兰岛西海岸，19 世纪末 20 世纪初，鳕鱼还是稀罕物，仅西南海岸的一些地方有小规模捕捞，每年的捕捞量约为

500吨。1919年左右，鳕鱼开始沿着西格陵兰岛海岸向北移动，且数量越来越多。捕鱼中心向北移动了300英里，现在每年的捕捞量大约是1.5万吨。

一些以前很少或从未在格陵兰岛见过的鱼类也出现了。银鳕鱼或绿鳕是一种欧洲鱼类，在格陵兰岛海域很罕见，以至于1813年被捕捉到的两条鳕鱼被人们迅速用盐保存起来，送往哥本哈根动物学博物馆。但自1924年以来，这种鱼经常在鳕鱼群中被发现。大约1930年以前，黑线鳕、单鳍鳕和矶鳕从未出现在格陵兰岛海域，现在则经常被捕杀。冰岛也迎来了陌生的访客——喜温的北方鱼类，比如姥鲨、怪异的翻车鱼、六鳃鲨、剑旗鱼和马鲭鱼。其中一些已经进入了巴伦支海、白海和摩尔曼海岸。

随着北方海域的冷意消退，鱼类向极地移动，冰岛周围的渔业得到了极大的发展，拖网渔船向熊岛、斯匹次卑尔根岛和巴伦支海进发，追逐渔获。这些水域每年大约可以产出20亿磅鳕鱼——这也是全世界渔场单一鱼种的最大捕捞量。但它的存在是脆弱的。如果循环周期发生变化，海水开始变冷，浮冰再次向南蔓延，北极渔场将难以为继。

但就目前而言，世界之巅正在变暖的证据随处可见。北部冰川快速消退，很多较小的冰川已经消失。按照目前的融化速度，剩余的冰川也将随之融化。

11

挪威奥普多山脉（Opdal Mountains）的积雪融化，一种于公元 400 至 500 年左右使用的木柄箭得以重见天日。这表明该地区现在的积雪量一定少于 1400 到 1500 年前。

冰川学家汉斯·阿尔曼（Hans Ahlmann）认为，大多数挪威冰川都在吃老本，没有攒下任何新鲜积雪；在过去的几十年里，阿尔卑斯山的冰川普遍后退萎缩，在 1947 年夏天尤其严重；北大西洋海岸的所有冰川都在消减。衰减速度最快的要数阿拉斯加，那里的缪尔冰川（Muir Glacier）在 12 年里消退了大约 10.5 千米。

目前，巨大的南极冰川依然是一个谜；无人知道它们是否也在融化，或者以什么速度融化。但世界其他地区的报告显示，并非只有北方冰川在退缩。自 19 世纪首次研究以来，东非几座高火山的冰川一直在缩小，自 1920 年以来速度尤其加快；安第斯山脉和中亚高山上的冰川同样在减少。

北极和亚北极气候正在变得更暖和，适合生长的季节似乎变长了，农业收成也比以前更高。冰岛的燕麦种植已经有所改善。在挪威，丰收现在已经成为常态而非特例。甚至在斯堪的纳维亚北部，树木也迅速地生长到了原来的林木线以上，松树和云杉的年生长速度都比以前快了不少。

变化最显著的国家，也是气候受北大西洋流影响最大的国家。大西洋里存在着向东和向北移动的洋流，当它们的强度和温度发生变化时，北欧全境就会冷热交替，水旱灾害频发。20 世纪 40 年代，一直研究这个课题的海洋学家发现，大量海水的温度和分布发生了诸多重大变化。显然，流经斯匹次卑尔根岛的墨西哥湾流的流量增加了，带来了大量温暖海水。北大西洋的表层海水温度升高，冰岛和斯匹次卑尔根岛周围的深海海水也是如此。自 20 世纪 20 年代以来，北海和挪威海岸的海洋温度一直在上升。

毋庸置疑，北极和亚北极地区的气候变化也受到其他因素的影响。几乎可以肯定，从最近一次的冰河时期开始，我们仍然处于升温阶段——在接下来的数千年里，世界气候将变得非常温暖，直到进入下一个冰期。但我们现在正经历的可能是短期的气候变化，持续时间只有数十或数百年。一些科学家认为，太阳活动一定有小幅增加，改变了空气循环模式，导致斯堪的纳维亚半岛和斯匹次卑尔根岛的南风更频繁。根据这种观点，盛行风的改变才是洋流变化的直接原因。

但是，如果布鲁克斯教授所述为真，佩特森的潮汐理论和太阳辐射变化理论一样有据可循，那么由此预测 20 世纪位于潮汐变化的哪个周期，也是一件有趣的事。中世纪末期的大潮，以及随之而来的冰雪、狂风和泛滥的洪水，距离我们已有 500 多年。中世纪初期潮汐最弱的时代，气候温暖，这样的现象预计要到 400 年后才能重现。因此，我们已经进入一个温度更高、天气更温暖的时期。随着地球、太阳和月亮在太空中的移动和潮汐的起起落落，气候还将出现波动。但长期趋势是地球变暖，气候的钟摆正在摆动。

第十三章　来自咸水海洋的财富

大海变瑰宝，富丽而奇异。

——莎士比亚

海洋是地球上最大的矿物质仓库。在每立方米海水中，平均有 1.66 亿吨溶解的矿物质，地球上全部的海水含有的矿物质共计 50 千兆吨。虽然地球的组成物质总是从一个地方转移到另一个地方，但依据自然规则，大多数物质终归会进入海洋，故而千百年来，海洋中的矿物质含量越来越高。

据推测，最初的海洋只有微量矿物质，随着时间的推移逐渐增加。因为海洋矿物质主要来源于陆地的岩石地幔。年轻地球的第一场雨持续了数百年，雨水从厚重云层中不断降落，开始侵蚀岩石，并将其中含有的矿物质带入大海。据说，每年流入海洋的水量约为 6500 立方米，这为海洋带来了数十亿吨的矿物质。

出人意料的，河水的化学成分和海水的化学成分之间几乎毫无相似之处，各种元素存在的比例都不相同。例如，河水中含有的钙是氯的4倍，而在海洋中则反过来，氯是钙的46倍。造成这种差异的一个重要原因在于，海洋动物不断地从海水中吸收大量钙盐，以生长贝壳和骨骼，比如容纳有孔虫的小壳，珊瑚礁的巨大结构，以及牡蛎、蛤蜊和其他软体动物的外壳。另一个原因则是海水中钙的沉淀。河水和海水中的硅含量也大相径庭——河流中的硅含量比海洋高大约5倍。硅藻需要二氧化硅来生长外壳，因此河流带来的二氧化硅大部分都被这些普遍存在的海洋植物利用了。由于海洋中的所有动植物对化学物质的总需求量巨大，每年河流带来的矿物质中，只有一小部分能推高海水中的矿物质含量。淡水在进入海洋后，会立刻发生一些化学反应，再加上流入的淡水量和总海水量不可同日而语，这就让淡水和海水中的化学元素占比更加不均衡。

1

海洋还可以通过其他途径吸纳矿物质，比如从陆地深处而来的矿物质。氯气和其他气体会通过火山喷发进入大气，并随着雨水降落到陆地和海洋的表面。火山灰和岩石带来了其他物质。所有的海下火山都通过人眼看不到的火山口，直接向海洋倾倒硼、氯、硫和碘。

这些都是矿物质单方面流向大海的过程，返回陆地的矿物质非常有限。人类通过化学提取和采矿直接收回了一些，通过捕获海洋植物和动物间接收回了一些。在地球漫长而反复的循环中，海洋本身也通过另一种方式将它接收的物质回馈给陆地。当海水上升到陆地上时，海洋中的物质沉积下来，等到海水退去后，就在陆地上留下一层沉积岩。这些沉积物含有部分海水和海洋中的盐分。但海洋只是通过这种方式暂时向陆地出借矿物质，陆地立刻通过古老而熟悉的渠道——雨水、侵蚀、径流进入河流，将矿物质运输到大海，偿还给海洋。

海洋和陆地之间还有一些有趣的小规模物质交换。虽然水分蒸发过程使水蒸气进入空气，留下大部分盐分，但确实有惊人数量的盐分侵入大气，并随风长距离传输。这种所谓的“循环盐”被风从汹涌的浪峰或浪花中吹起，吹向内陆，然后随着雨水降落，通过河流回到海洋。事实上，这些漂浮在大气中的微小的、不可见的海盐颗粒是助力雨滴形成的一种凝结核。一般来说，离海洋越近的地方，接收的盐分最多。公布的数据显示，英格兰地区每年每亩地接收 24~36 磅盐分，而圭亚那则接收超过 100 磅。循环盐的长距离、大规模运输的最惊人例子是印度北部的桑珀尔盐湖（Sambhar Salt Lake）。它每年接收 3000 吨盐，这些盐是炎热干燥的夏季季风从 400 英里外的海洋带来的。

2

海洋中的动植物是比人类更加优秀的化学家。迄今为止，与低等生命形态相比，人类提取海洋矿物资源的能力可谓不值一提。它们能够发现并利用痕量存在的元素，而人类化学家直到最近开发出高精度的光谱分析方法，才能检测到这些资源的存在。

例如，我们不确定海洋中是否存在钒，直到我们在某些行动迟缓的附着海洋生物如海参和海鞘的血液中发现了这种元素。龙虾和贻贝吸收了大量的钴，各种软体动物利用了镍，但直到最近几年，我们才能回收痕量的这些元素。铜的可回收量仅为海水的百万分之一，但它确实是龙虾血液的组成成分，像铁进入人类的血红细胞一样，铜进入龙虾的呼吸色素。

海中矿物质的数量巨大，种类繁多，但与无脊椎动物们的成就相比，迄今为止人类从海水中提取商用矿物质方面只取得了有限的成功。我们已经通过化学分析回收了 50 种已知元素，将来如果找到合适的方法，或许能发现更多的元素。海洋中有 6 种矿物质含量最多，且以固定的比例存在。正如我们所料，目前海洋中的氯化钠最丰富，占总含量的 77.8%；氯化镁紧随其后，占 10.9%；然后是硫酸镁，占 4.7%；最后是硫酸钙，占 3.6%；硫酸钾占 2.5%；其他所有元素加起来占剩余的 0.5%。

在海洋的所有元素中，没有什么比黄金更让人类心驰神往了。它在所有水域中的总含量，足以让世界上的每一个人成为百万富翁。但如何才能让大海产出黄金呢？第一次世界大战结束后，德国化学家弗里茨·哈伯（Fritz Haber）果断尝试从海水中获取大量黄金，这也是对海水中黄金最完整的研究。哈伯设想从海洋中提取足够的黄金来偿还德国的战争债务[①]，他的梦想促成了 1924 年和 1928 年流星号（Meteor）的德国南大西洋探险。流星号配备了实验室和过滤装置，反复穿越大西洋，采集海水样本。但最终发现，海水中的黄金含量低于预期，而提取的费用远超回收黄金的价值。此行动涉及的经济权衡类似于：1 立方英里的海水中，大约有价值 9300 万美元的黄金和价值 850 万美元的白银。但要在一年内处理这么多海水，需要每天两次注满并排空 200 个底面积为 500 英尺、深度为 5 英尺的水箱。相较于珊瑚、海绵和牡蛎的平均效率，这大概不值一提，但是按照人类的标准来衡量，这不具备经济可行性。

---

① 第一次世界大战中德国战败，按照战后签订的《凡尔赛和约》，需要支付战胜国巨额赔款。——编者注

3

海洋中最神秘的物质也许是碘。碘是海水中最稀有的非金属元素之一，难以检测和精确分析。然而，它几乎存在于所有的海洋动植物体内。海绵、珊瑚和某些海藻都会富集大量的碘。显然，海洋中的碘始终在发生化学变化，有时被氧化，有时被还原，再重新进入有机化合物。空气和海洋之间似乎也一直在相互交换，当浪花飞溅时，某些碘可能就此进入空气，因为靠近海面的空气中可以检测到碘，但其含量会随着高度的增加而减少。从第一种进化到将碘作为身体的化学组成元素的生物出现以来，后来的生物对碘的依赖程度似乎越来越强。如今，人类要生存，必须依靠甲状腺积累的碘来调节身体的基础代谢。

起初所有商用碘都是从海藻中获得的，后来人们在智利北部的高原沙漠中发现了粗硝酸钠沉积物。这种被称为“生硝”的原材料，最初可能起源于一些充满海洋植被的史前海洋，但这一点尚存在争议。碘也可以从卤水矿床和含油岩石的地下水中获得——也是间接来源于海洋。

海洋垄断了世界上几乎所有的溴，99% 的溴都集中在海洋里。就连岩石中存在的极少量的溴，最初也是海洋沉积下来的。最初，我们从史前海洋遗留在地下水中的卤水里获得溴；如今沿海国家，尤其是美国将海水作为原材料，直接从中提取溴。得益于溴的现代商业化生产方法，我们的车才能用上高级汽油。它还有许多其他用途，包括生产镇静剂、灭火器、显影液、燃料和化学武器材料。

已知的最古老的一种溴的衍生物是泰尔紫，它是腓尼基人①在染坊中用一种紫色的海螺——骨螺制成的。这种海螺与我们今天在死海中发现的异常高的溴含量有奇妙的联系。据估计，死海含有大约 8.5 亿吨溴元素，溴浓度是其他海水的 100 倍。显然，该地区的溴元素一直在增加。在加利利海海底，含有溴的喷泉持续喷发，这些海水通过约旦河流进死海，从而补充了死海的溴元素。一些专家认为，温泉中的溴来源于数十亿只远古海螺，它们在很久以前就在海中形成了沉积层。

另一种矿物质——镁，最初我们只能从盐水或通过处理白云石（有些山脉全部由白云石构成）等含镁岩石来获取，如今我们可以通过抽取大量海水，并加入其他化学物质来萃取。1 立方英里的海水中约含有 400 万吨镁。自从 1941 年左右直接

---

① 腓尼基人是历史上一个古老的民族，生活在今天的地中海东岸，相当于今天的黎巴嫩和叙利亚沿海，公元前10世纪至公元前8世纪是腓尼基城邦的繁荣时期。——编者注

萃取方法出现后，镁的产量大幅增加。正是来自海洋的镁，使战时航空业的蓬勃发展成为可能，因为美国（以及其他大部分国家）制造的每一架飞机都含有大约半吨镁金属。镁在其他需要轻质金属的行业里也有无数的用途，除了长期作为绝缘材料使用，它也用于印刷油墨、药品和牙膏，以及战争中使用的武器，比如燃烧弹、照明弹和曳光弹。

4

几个世纪以来，只要气候条件允许，人类就利用海水蒸发获得盐。在热带的骄阳之下，古希腊、古罗马和古埃及人获得了人和动物生存必需的盐。在某些炎热干燥、热风吹过的地方，晒盐的做法延续至今，比如在中国、印度、日本、菲律宾沿海，以及美国加利福尼亚州海岸和犹他州的盐碱滩。

海洋中到处都有天然盆地，在太阳、风和海洋的共同作用下，海水蒸发晒盐的规模远非人类工业化生产的规模能比。印度西海岸的卡奇沼泽（Rann of Cutch）就是这样的天然盆地。这片沼泽是一个平原，约 60 英里宽，185 英里长，被卡奇岛（island of Cutch）与大海隔开。当西南季风吹来时，海水经由海峡被吹到平面上。但在夏季，炎热的东北季风从沙漠吹来，没有更多的海水流入，平原上蓄积的海水蒸发成盐壳，某些地方厚度可达几英尺。

在有海水流入的陆地上，待海水退去，海水中的物质沉积后，就形成了化学物质的储存库，我们可以较轻松地从中提取化学物质。在地球表面之下深处，隐藏有“化石海水”池，即古代海洋的海水；“化石沙漠”，即在极端炎热和干燥条件下，古代海洋海水蒸发后留下的盐分；以及沉积岩层，它含有有机沉积物和沉积物的来源——海水中的溶解盐。

在炎热干燥、遍地沙漠的二叠纪时期，欧洲大部分地区形成了广阔的内海，覆盖了现在的英国、法国、德国和波兰的部分地区。当时很少下雨，蒸发速率很高，因此海水越来越咸，开始形成沉积盐层。在数千年的时间里，仅有石膏沉积下来，这或许表明，当时偶尔会有盐度较低的海水流入内海，与这里的高盐度海水混合了。除了石膏，还有一层更厚的盐层存在。

此后，随着内海面积缩小，海洋盐分浓度升高，硫酸钾、硫酸镁的沉积层逐渐形成。这个阶段大概持续了500年。再后来，或许又过了500年，出现了镁钾混合氯化物沉积物，也就是光卤石。在海水完全蒸发后，沙漠成为主要地形，很快盐沉积层被沙子掩埋。著名的施塔斯富特（Stassfurt）和阿尔萨斯沉积层拥有的矿物质含量最丰富，而古海洋原始海域的外缘

（比如英格兰）则只有盐床。施塔斯富特矿床约有 2500 英尺厚，它的盐泉自 13 世纪以来就小有名气，此地的盐矿自 17 世纪以来就被开采。

5

在更早的地质时期——志留纪，美国北部沉积形成了一个巨大的含盐盆地，它从美国纽约州中部延伸到密歇根州，包括宾夕法尼亚州、俄亥俄州北部以及加拿大安大略省南部部分地区。由于当时气候炎热干燥，这个地区的内陆海变得非常“咸”，以至于盐层和石膏层交替沉积在大约 10 万平方米的地区内。纽约州的伊萨卡城有 7 层不同的盐层，最上层的厚度约为半英里。在密歇根州南部，个别盐层的厚度超过 500 英尺，密歇根盆地中央盐层的总厚度约为 2000 英尺。人们在某些地区开采岩盐，在另外一些地区挖掘盐井，把水灌下去，再把产生的盐水泵送到地表，使其蒸发以获得盐分。

世界上最大的矿物质储存库，是加利福尼亚州莫哈韦沙漠（Mohave Desert）中的塞尔斯湖，它在美国西部，为一个广阔内陆海的海水蒸发变干后形成。海洋一度覆盖该地区，但后来山脉隆起，隔断了它与海洋的联系；之后湖水不断蒸发，周围陆地的物质又不断被冲刷进来，剩余的湖水因此越来越

“咸”。或许几千年前，塞尔斯湖才从内陆海缓慢地转变为一个“冻结”湖——充满固态矿物质的湖。现在它的表层是一层坚硬的盐壳，厚度为 50~70 英尺，汽车可以在上面畅行无阻，下面是泥浆。工程师最近在泥浆下发现了第二个盐层和盐水，它的厚度与第一层相差无几。19 世纪 70 年代，人们第一次开发塞尔斯湖以获得硼砂，用 20 只骡子组成的队伍穿越沙漠和高山，将硼砂运输到铁路。20 世纪 30 年代，人类开始从湖中提取其他物质——溴、锂、钾盐和钠盐。现在，塞尔斯湖氯化钾的产量占美国总产量的 40%，在世界硼砂和锂盐生产中也占有很大份额。

在未来的某个时代，随着长达几个世纪的蒸发持续进行，死海可能会重演塞尔斯湖的历史。众所周知，死海是一个大型内陆海的全部遗存，这个内陆海曾经填满整个约旦河谷，长约 190 英里；如今它已萎缩，长度仅为原来的四分之一，体积仅为原来的四分之一。随着它的面积逐渐减少，以及干燥炎热气候的蒸发作用，高盐度使死海成为一个巨大的矿物质储存库。没有动物可以在它的盐水中生存；那些不幸随约旦河而来的鱼很快死去，成为海鸟的食物。死海位于地中海以下 1300 英尺处，比其他任何水体都更低于海平面。它占据了约旦裂谷的最低点，该裂谷是由一块地壳向下滑动形成的。死海的海水温度比当地大气温度更高，这样的条件有利于蒸发，蒸汽云漂浮在水面上，朦朦胧胧，形态万千，而它的咸水变得越来越苦，盐分继续累积。

6

古海洋的所有遗产中，最有价值的是石油。至今没有人能完整地描述，究竟是什么样的地质过程，使地球深处生成了这种宝贵的液体。但至少可以确定：自海洋中形成丰富多样的生命后，至少从古生代开始，或者更早，地球就开始了某些基本作用，而石油就是这些基本作用的结果。不时发生的意外灾难可能加速了石油的形成，但并非其形成的必要条件。石油的成因包括陆地和海洋的作用：生物的出生和死亡，沉积物的沉积，海水在陆地上的前进和后退，地壳的上下运动。

过去的无机理论认为石油形成与火山活动相关，但这一理论已被大多数地质学家所摒弃。石油的来源最可能是被埋藏在曾经的海洋细粒沉积物中、慢慢分解的动植物尸体。

黑海或挪威某些峡湾中的死水，或许代表了有利于石油生产的基本条件。黑海的丰富生命仅限于表层海水；深处，尤其是底部的水体缺乏氧气，且常常充满硫化氢。在这些有毒的水域中，没有食腐者来吞噬从上面落下来的海洋动物尸体，它们于是被埋在细泥沙沉积物中。在挪威的很多峡湾处，由于湾口低矮的海底山脊阻断了海湾与大洋之间的循环，湾内深水恶臭难闻，缺乏氧气。这些峡湾的底层因为有机物质分解产生的硫化氢而带有毒性。有时，暴风雨会导致过量海水涌入，波涛汹涌，深深地搅动着这些有毒海水；水层混合后，生活在水面附近的鱼群和无脊椎动物会大量死亡，又让底部沉积一层丰富的有机物质。

任何大油田都与过去或现在的海洋有关。这不仅适用于内陆油田，也适用于海岸附近的油田。例如，俄克拉荷马州油田的大量石油，就是埋藏于沉积岩的内部空隙中，而这些沉积岩便是古生代海洋侵入北美这一地区时遗留下的。

为探寻石油，地质学家也反复研究那些大部分时间被浅海覆盖的不稳定带，它们主要位于主要大陆板块的边缘、大陆板块之间和大洋深处。

7

大陆板块间地壳凹陷的一个例子就是欧洲和中东之间，这包括了波斯湾、红海、黑海、里海及地中海。另一例是墨西哥湾和加勒比海，位于南北美大陆之间的凹陷区或浅海区。而在亚洲大陆和澳洲大陆之间，则有一片岛屿密布的浅海。最后，还有性质很像内陆海的北冰洋。过去，这些区域交替着上升和下降，有时属于陆地，有时属于入侵的海洋。当它们被海水淹没时，底部会形成厚厚的沉积层，还有多种多样的海洋动物在它们的水域中生存和死亡，于是遗骸在海底松软的沉积层沉积下来。

这些地区都有大量的石油矿藏。中东有沙特阿拉伯、伊朗和伊拉克的大油田。在亚洲和澳洲之间的凹陷区域，爪哇岛、苏门答腊岛、婆罗洲和新几内亚岛盛产石油。加勒比海是西半球的石油生产中心，美国一半已探明的石油储量位于墨西哥湾北岸，并且哥伦比亚、委内瑞拉和墨西哥等国在墨西哥湾的西缘和南缘均有丰富的油田。北极的石油资源尚未证实，但已成为石油开采的前沿地带，而且阿拉斯加北部、加拿大北部岛屿，以及西伯利亚沿北极海岸上渗出的石油都提示我们，这片刚从海洋中升起不久的陆地可能成为未来的大油田。

近年来，石油地质学家聚焦于一个新方向——海底。虽然陆地石油资源尚未被全部发掘，但石油含量最丰富、最易开采的油田可能都已经被开采，它们的石油产量是已知的。古老的海洋提供了我们今天正从地球内部开采的石油。那么现在的海洋是否也储存了一些石油，埋藏在数十或数百英寻深处海底的沉积岩中？

大陆架上的近海油田正在产出石油。在加利福尼亚州、得克萨斯州和路易斯安那州附近，石油公司的钻探机已经钻入大陆架的沉积物中获取石油。美国最活跃的勘探集中在墨西哥湾，根据其地质历史来判断，此地大有希望。因为亿万年来，它要么是一片干燥的陆地，要么是一片浅海盆地，接收了自北面高地流入的沉积物。最后，大约在白垩纪中期，墨西哥湾的海底开始在沉积物的重压下下沉，随着时间的推移，形成了现在的深深的中央盆地。

8

通过地球物理探查，我们可以看到，墨西哥湾沿海平原下的沉积岩层急剧向下倾斜，并延伸到广阔的大陆架下方。在侏罗纪时期的沉积地层下面，是一个巨大的厚盐层，可能是在这个地区干燥炎热的时候形成的，当时海洋萎缩，沙漠侵蚀。在路易斯安那州与得克萨斯州，有一种叫作盐穹的特殊地貌，便与墨西哥湾形成的这种矿床有关。盐穹是手指状的盐质岩顶，宽通常不到 1 英里，从深层向地表隆起，地质学家描述成“在地球压力的作用下向上穿过 5000 至 15000 英尺厚的沉积物，就像钉子穿透木板一样”。在墨西哥湾沿岸各州，这样的结构通常与石油有关。如此看来，在大陆架上，盐穹似乎预示着其下方可能有大型石油矿藏。

因此，在勘探墨西哥湾石油的过程中，地质学家寻找可能有大型油田存在的盐丘。他们可以使用磁力计来测量盐丘带来的磁场强度的变化；也可以使用重力计，它通过测量盐丘附近的比重变化来帮助定位盐丘，因为盐的比重通常小于周围沉积物的比重；还可以采用地震勘探，通过记录炸药爆炸产生的声波的反射，来追踪盐层的倾斜度，从而发现盐丘的实际位置和轮廓。这些探测方法早已在陆地上被应用多年，但直到1945年左右，才经过适当调整被用于墨西哥湾近岸水域的石油勘测。磁力计经过改进，可以被挂在船的后面、由飞机携带或悬挂在飞机下方，连续绘图。重力计以前需要操作人员携带并搭乘潜水钟下潜，现在则被快速下沉到海底，并通过遥控读数。地震工作人员可以在他们乘坐的船只航行时发射炸药并进行连续记录。

虽然这些改进使勘探工作能快速开展，但从海底油田获取石油并非朝夕之功。勘探完成之后，还需要租赁可能的产油区，然后通过钻孔来查看是否真的存在石油。海上钻井平台搭建在桩子上，这些桩子必须被打入墨西哥湾海底250英尺深处，才能承受海浪的力量，尤其是在飓风季节。风、风暴浪、雾和海水对金属结构的腐蚀，都是必须要面对和克服的危险。

不过，海上作业空前的技术困难并没有让石油工程专家气馁。

我们对矿物资源的探寻，常常会带我们回到远古海洋：石油是鱼类、海藻和其他动植物的遗骸在高压下生成，然后存储在古老的岩石中；埋藏在地下的卤水是古老海洋遗留下来的海水；层层盐矿是古老海洋沉积在陆地地幔上的矿物质。或许有一天，当我们揭开了珊瑚、海面和硅藻的化学秘密时，我们可以减少对史前海洋遗留下来的资源的依赖，更多、更直接地利用海洋及浅海中正在形成的沉积岩。

第十四章　环绕我们的海洋

海洋如此浩瀚，让人生畏，鸟儿飞上一年也无法横渡。

——荷马

对于古希腊人来说，海洋是一条无边无际的水流，在世界边缘流淌，像轮子一般无休止地转动；是地球的尽头，天堂的入口。海洋无边无际，浩瀚无垠。如果有人想要冒险远航，他将穿过浓重的黑暗和朦胧的雾气，最后来到一个海天交汇的可怕混乱之地，被漩涡和张着大嘴的深渊拉入一个黑暗世界，永世无法返回。

这些观念以不同的形式体现在公元前 1000 年的大部分文学作品中，后来又在中世纪的大部分作品中反复出现。对于希腊人来说，他们熟悉的地中海就是“大海”，而陆地世界边缘之外则是海神俄刻阿诺斯之海。或许它最远的某个地方是众神和亡灵的家园，即极乐世界。因此，人们有了遥不可及的大陆或者遥远海洋中美丽岛屿的想法，这些想法与在世界尽头有一个深不见底的海湾的想法相混淆，但围绕着宜居世界的始终是环绕一切的广阔海洋。

1

一些关于神秘北方世界的故事经口耳相传，从早期的琥珀和锡器商人的贸易路线流传过来，为早期传说增添了色彩，以至于陆地的边界被描绘成一个迷雾重重、下着暴风雨的黑暗区域。在《荷马史诗·奥德赛》中，辛梅里安人居住在海神之海岸边的一个遥远世界，那里充满了迷雾和黑暗，他们讲述了生活在长昼的土地上的牧羊人，那里的白天与黑夜更替特别快。或许早期的诗人和历史学家的灵感，部分来自腓尼基人关于大海的思想。腓尼基人的船游荡在欧洲、亚洲和非洲海岸，寻找黄金、白银、宝石、香料和木材，与国王和皇帝进行贸易。这些人既是水手，也是商人，他们是第一批穿越海洋的人，只是没有历史记载。

至少在公元前2000年或更久的时间里，腓尼基人的贸易繁荣兴盛，他们沿着红海海岸延伸到叙利亚、索马里兰、阿拉伯，甚至到达了印度，或许还曾去过中国。希腊历史学家希罗多德写道，他们在公元前600年左右从东到西环绕非洲，经由直布罗陀海峡和地中海到达埃及。但腓尼基人自己基本不会提到他们的航行，这是为了对他们的贸易路线和珍贵货物的来源保密。因此，关于腓尼基人可能已经远航至开阔太平洋的说法，只有似是而非的传言和笼统的考古证据。

我们只能通过传言和合理假设，推断腓尼基人在沿着西欧海岸航行的过程中，可能已经向北远航至斯堪的纳维亚半岛和波罗的海，即珍贵琥珀的来源地。没有确切的痕迹能够证明他们来过这些地方，当然，腓尼基人也没有留下任何相关的书面记录。不过，他们在一次欧洲航行中留下了间接的描述。公元前 500 年左右，迦太基的西姆立克（Himlico）率领探险队，沿着欧洲海岸向北航行。他显然记录下这次航行的经历，虽然他的手稿没有保存下来，但将近 1000 年以后，他的描述被罗马人阿维阿努斯（Avienus）引用。根据阿维阿努斯的说法，西姆立克描绘了一幅令人沮丧的欧洲海岸的画面：

4 个月里我们无法驶出这些海域……海面平静，只有微风，无法推动船只前行……海浪中夹杂着很多海藻……海水很浅……海中的野兽不停地游来游去，野兽在缓慢前行的船只之间游动。

这里的“野兽”指的可能是比斯开湾的鲸，这里后来成为著名的捕鲸场。西姆立克印象深刻的浅水区，可能是随着法国沿岸大潮涨落，时而被潮水覆盖，时而露出水面的平原。对于一个来自地中海，几乎没有见过潮汐的人来说，感到惊奇亦是正常。不过，如果阿维阿努斯的说法可信的话，西姆立克认为西方是一片开阔的海洋：

> 穿过直布罗陀海峡继续向西航行，就是无边无际的大海……没有船曾在这些海域航行过，因为在这里没有风来推动船只前行……并且，黑暗遮盖了白天的阳光，大海总是隐藏在雾气中。

很难说这些细节到底是西姆立克自己所见，还是在重复当时的陈词滥调，但是，同样的概念反复地出现在后来的叙述中，穿越几个世纪，与现代的某些思想产生共鸣。

2

根据历史记载，公元前 330 年左右，马萨利亚的皮西亚斯进行了第一次伟大的海洋探险航行。然而不幸的是，他的记录，包括一部名为《论海洋》的著作，都已遗失，只有后世作家作品中零碎的引文中还保留着一些吉光片羽。我们不知道这位天文学家和地理学家此次向北航行的具体情况，但皮西亚斯可能是想知道人类居住的世界或陆地的尽头在哪里，想了解北极圈的位置，想看看极昼之地。通过陆上贸易路线从波罗的海地区运来锡和琥珀的商人，可能曾告知他这些事。

皮西亚斯是第一个通过天文仪器来确定地理位置的人，并以其他方式展示了他作为天文学家的能力，在航行中使用了不同寻常的技术方法。他似乎是绕着英国航行，到达设得兰群岛，然后向北驶入开阔的海洋，最后来到“极北之地”，也就是极昼之地。用他的话来说，在这个地方，夜晚非常短暂，有些地方是 2 小时，其他地方是 3 小时，所以太阳下山后不久就再升起来。这个地方居住着“蛮族”，他们向皮西亚斯展示了“太阳落山的地方”。后世专家围绕“极北之地”的位置争论不休，有人认为是冰岛，而其他人认为皮西亚斯穿过北海来到了挪威。据说，皮西亚斯描述极北之地的北方是一片“凝结的海”，冰岛更符合这个描述。

但之后，中世纪来临，文明世界陷入黑暗时代，皮西亚斯在航行中获得的关于远方的知识似乎并没有为这个时代的学者所重视。在地理学家波西多尼斯（Posidonius）笔下，海洋“无限延伸”，他从罗得岛出发，一路前行到加的斯去看海，测量海洋的潮汐，并验证炽热的太阳落入西部海洋发出嘶嘶声的说法是否为真。

皮西亚斯之后，大约过了1200年，才出现关于海洋探索的另一个清晰的描述——这次是挪威人奥塔尔（Ottar）。奥塔尔向阿尔弗雷德大帝叙述了他在北海的航行，后者用一种直截了当的方式记录下来，其中没有海怪和其他虚构的恐怖事物。根据这份记录，奥塔尔是第一个绕过北角、进入极地或巴伦支海、后来又进入白海的探险家。他发现这些海域的海岸上居住着他之前似乎耳闻过的人。根据他的叙述，他来到那个地方“主要是为了探索这个国家，以及寻找海象，因为它们的獠牙非常珍贵”。这次航海大概发生在公元870年到890年之间。

3

与此同时，维京人的时代也已拉开序幕。通常认为，他们在8世纪末开启了更加重要的探险之旅。但在此之前很久，他们就已经开始到访北欧的其他国家。极地探险家弗里德约夫·南森写道:“远在3世纪至5世纪末，游荡的埃鲁里人（Eruli）就从斯堪的纳维亚启程，有时和撒克逊海盗一起，跨越西欧海域，掠夺了高卢和西班牙海岸，并确实在455年深入地中海，最远到达了意大利的卢卡（Lucca）。”早在6世纪，维京人一定已经越过北海，来到法兰克人的土地，并且可能已经到达英国南部。7世纪初，他们可能已经在设得兰岛定居，并几乎在同一时间掠夺了赫布里底（Hebrides）群岛和爱尔兰西北部。后来，维京人航行到了法罗群岛和冰岛。在 12 世纪最后 25 年，他们已经在格陵兰岛建立了两个殖民地，不久后又穿越大西洋来到了北美。关于这些航行的历史意义，南森写道：

挪威人的造船和航海技术标志着航海史和发现史的新纪元，他们的航行完全改变了我们对北方陆地和水域的认知……我们在古老的著作和传说中找到了这些关于航海发现的记录，其中很大一部分都是关于冰岛的著作。在这些叙述中，贯穿始终的是顽强的人类与冰、风暴、寒冷和匮乏之间无声的斗争。

他们既没有指南针，也没有天文仪器，或者我们时代的任何工具用于海上定位。他们只能依靠太阳、月亮和星星来辨别航向。几乎难以想象，当连续几日或几周不见天日时，他们如何在大雾和恶劣天气中找到航线；但他们确实找到了，挪威维京人的敞篷船，船上挂着方帆，向北和向西航行，从新地岛和斯匹次卑尔根岛来到格陵兰岛、巴芬湾、纽芬兰和北美……

4

但是，地中海的“文明世界”对此只得到了最模糊的传闻。虽然北欧人的传说提供了明确而且实用的指引，能帮助人们穿越海洋，从已知世界来到未知世界，但中世纪学者的著作仍然只关注环绕他们的海洋的最外围，即可怕的黑暗之海。公元1154年左右，著名的阿拉伯地理学家伊德里西（Edrisi）为西西里岛的诺曼国王罗杰二世（Roger Ⅱ）撰写了一本地理著作，随附70张地图，表示在已知世界之外的黑暗之海构成了世界的边界。他在描写不列颠群岛时写道：“深入这片海洋是不可能的。”他暗示了远方岛屿的存在，但认为到达这些地方困难重重，因为这片海域迷雾重重，而且黑暗幽深。在11世纪，德国的学者亚当（Adam）写到，他知道这片大海的远方，有格陵兰岛和瓦恩兰岛的存在，但他仍无法将现实和旧有的海洋观念区分开，依然觉得海洋浩瀚无垠且令人恐惧，包围着整个世界，海洋围绕着陆地无休止地流动。

即使是北欧人自己，当他们发现大西洋对岸的土地时，似乎也只是将最外层海洋的边界向外扩展了一下，因为在《王者之镜》（*Kings Mirror*）和《挪威王列传》（*Heimskringla*）等北欧编年史中，依然体现出海洋环绕地球的观点。因此，在哥伦布带着手下驶入“西洋”时，仍然流传着很多传说，比如死气沉沉的海洋、怪兽、诱捕生物的海藻、迷雾、幽暗和永远存在的危险等。

然而，在哥伦布之前的几个世纪里——具体多少世纪不确定——世界另一端的人已经将对于海洋的恐惧搁置一旁，鼓起勇气，大胆地驾驶着船只横渡太平洋。我们不知道波利尼西亚殖民者当时可能遭遇了多少艰辛、困难和恐惧，但我们知道他们最终从大陆抵达了那些海中岛屿。或许太平洋中部的海水比北大西洋更温和——一定是这样的，因为他们乘坐着独木舟，完全将自己托付给星星和大海，摸索着从一座岛来到另一座岛。

我们不知道波利尼西亚人何时开启第一次航行，但对于后续的航行，有证据表明，最后一次前往夏威夷群岛的重要殖民航行发生在 13 世纪，在 14 世纪中期前后，一支来自塔希提岛的舰队永久移居了新西兰。但是，欧洲对这些事情一无所知。在波利尼西亚人掌握了在未知海域航行的技巧之后很久，欧洲水手仍然把赫拉克勒斯之柱当作通往可怕的黑暗之海的门户。

5

在哥伦布探明了通往巴哈马群岛、安的列斯群岛和美洲的航路，巴尔博亚见识过太平洋，麦哲伦环球航行之后，兴起了两种新思想。一种认为，存在一条通往亚洲的北部航线；另一种则表示，在已知大陆的南端存在着一块广阔的南方大陆。

麦哲伦通过现在以他名字命名的麦哲伦海峡用了 37 天。在这期间，他看到南侧有一块陆地，晚上，那里的海岸灯火闪烁，麦哲伦把它命名为火地岛。当时一些理论派地理学家认定南方存在一块大陆，于是麦哲伦认为自己看到的就是南方大陆的海岸。

继麦哲伦之后，许多航海者报告称自己发现了苦苦寻觅的那块边远大陆，但最终证明，他们发现的都只是岛屿。有些岛屿，比如布韦岛的位置描述得模糊不清，所以在地图上标明位置之前，曾多次被发现，又多次失去踪迹。凯尔盖朗（Kerguelen）坚信，他在 1772 年发现的一片荒芜之地就是南方大陆，于是向法国政府报告了他的发现。但在后来的一次航行中，他得知他发现的只不过是另一座岛屿，于是遗憾地把它命名为"寂寥岛（Isle of Desolation）"。而后世的地理学家则以他的名字来命名这座岛。

库克船长航海的目标之一就是发现南方大陆，但结果他没有发现大陆，而是发现了海洋。库克几乎完成了在南方高纬度地区的环球航行，揭示了一个环绕非洲南部、澳洲和南美洲的风暴海洋的存在。他可能认为，南桑威奇（South Sandwich）群岛是南极大陆的一部分，但我们并不能就此断定他是第一个看见它或其他南大洋岛屿的人。美国的海豹猎人可能在他之前就已到达那里，不过南极探索的这一部分尚有许多不明之处。美国的海豹猎手也许不想让竞争者找到这个海豹猎场，所以对自己的航行细节秘而不宣。显然，他们在 19 世纪以前就已经在南极外围岛屿附近活动了很多年，因为这些海域中的大部分海豹在 1820 年前就灭绝了。正是在 1820 年这一年，N. B. 帕尔默（N. B. Palmer）指挥英雄号（Hero）——来自康涅狄格港口的一艘载有 8 名海豹猎手的船——发现了南极大陆。一个世纪以后，探险家仍在探索那片南方大陆，并不断有新的发现。这片大陆曾被远古的地理学家魂牵梦萦，寻寻觅觅，之后被打上神话色彩，最终才被确定为地球大陆板块的一部分。

在地球的另一极，通过北部航线抵达富饶亚洲的梦想，吸引着一支又一支探险队前赴后继，进入北部冰冷的海洋。卡伯特（Cabot）、弗罗比舍（Frobisher）和戴维斯（Davis）都曾寻找通往西北的通道，但皆无功而返。哈德逊（Hudson）

被一群暴动的船员丢在一艘敞篷船上等死。约翰·富兰克林（John Franklin）爵士于 1845 年随厄瑞波斯号和特罗尔号出发，却显然陷入了北极岛屿的迷宫，船毁人亡，但他们的航行路线后来被证实是可行的。此后，来自东方和西方的救援船在梅尔维尔湾（Melville Sound）相遇，从而建立了西北航道。

与此同时，人们曾多次尝试穿越北冰洋向东航行，试图找到通往印度的路。挪威人似乎在白海捕猎过海象，他们可能在奥塔尔的时代就已经登上新地岛的海岸。他们可能在 1194 年就发现了斯匹次卑尔根岛，虽然人们经常把它归功于巴伦支（Barents）在 1596 年的航行。早在 16 世纪，俄国人就在极地捕猎海豹。1607 年哈德逊提示人们，斯匹次卑尔根岛和格陵兰岛之间海域中有大量鲸，捕鲸人开始在斯匹次卑尔根岛以外的海域作业。因此，当英国和荷兰商人开始拼命寻找通往欧洲北部和亚洲的海上路线时，至少人们已经了解冰雪覆盖下的北海的海底山脊。很多人进行了尝试，但能行驶到新地岛海岸以外海域的人少之又少。16 和 17 世纪充满了船只的残骸，希望的破灭，以及诸如威廉·巴伦支这样杰出的航海家因为在北极冬季探险中准备不足而丧生。最终人们放弃了这种努力。直到 1879 年，人们基本已经放弃了为实际需求寻找这种航道，阿道夫·埃里克（Adolf Erik）男爵才搭乘瑞典探险船织女星号

（Vega），从哥德堡来到白令海峡。

就这样，历经数世纪的多次探险，黑暗之海海面上未知的迷雾和骇人的黑暗被一点点驱散。最早的航海家是如何达成上述成就的？他们甚至没有最简单的航海工具，也从未见过航海图，远距离无线电导航、雷达和回声探测法这些现代手段都是天方夜谭。第一个使用航海指南针的人是谁？我们现在认为理所当然的航海图和航行指南的雏形又是什么？这些问题都没有最终的答案；我们知道得越多，未知的也就越多。

6

我们甚至都无从猜测神秘的航海大师——腓尼基人用了什么方法。但我们可以适当猜测波利尼西亚人，因为我们可以研究他们的后人。通过研究，人们发现了一些线索，可以揭示这些古老的大西洋殖民者如何从一座岛屿来到另一座岛屿。当然，他们似乎依靠星星指引方向，与充斥着暴风雨和雾气的北部海域截然不同，在平静的太平洋地区，天空中的星星很明亮。波利尼西亚人认为，星星是天空中镶嵌的移动光带，他们朝着某些星星的方向航行，因为他们知道这些星星下方的岛屿正是他们的目的地。他们听得懂大海的所有语言：海水颜色的变化，浪花拍打在地平线以下的岩石上产生的薄雾，热带海域每一座小岛上空漂浮的云朵，这些云朵有时甚至可以倒映出珊瑚环礁潟湖的颜色。

研究古代航海术语的学者认为，鸟类的迁徙对于波利尼西亚人来说也意义重大，他们通过观察每年春秋两季聚集的鸟群，就可以获得很多信息，这些鸟飞行出海，之后又从它们消失的虚空中返回。哈罗德·加蒂（Harold Gatty）提出，夏威夷人可能在金斑鸻返回北美大陆后，跟随这些鸟每年的迁徙路线，从塔希提岛迁徙到夏威夷岛链。他还指出，其他殖民者可能是循着金鹃的迁徙路线，从所罗门群岛来到新西兰。

传统习俗和书面记载告诉我们，古代航海员经常随身携带鸟类，在航行过程中，他们会放飞鸟类，跟随它们来到陆地。波利尼西亚人就是利用军舰鸟来寻找海岸（直到近代，它仍被用来在岛屿之间传递信息）。《萨迦》中也记叙了弗尔哥达森（Vilgerdarson）利用“渡鸦”指引冰岛的方向：“由于当时北方海员没有天然磁石……他带了三只渡鸦出海远航……当他放飞第一只渡鸦，它飞向了船尾。第二只飞向了空中，然后又回到了船上。第三只飞过船头，他们顺着渡鸦飞行的方向发现了陆地。”

传奇中会反复出现这类描述：在浓雾密布的天气中，北欧人在海上一连漂泊数日，不知自己身在何处。此时，他们往往不得不依靠观察飞翔的鸟儿来判断陆地的方向。据《殖民之书》(*Landnamabok*)记载，航海者在从挪威到格陵兰岛时，应与冰岛南部保持足够距离，以便观察那里的鸟类和鲸。在浅海区域，北欧人似乎运用了某种探测方法，因为《挪威历史》(*Historia Norwegiae*)中记载，因戈尔夫(Ingolf)和约尔列夫(Hjorleif)通过探测波浪发现了冰岛。

7

早在公元12世纪，就有记录显示水手使用磁针指引方向。但一个世纪后，仍有学者们质疑，为何水手们会把性命托付给这样一个由“魔鬼”发明的仪器。然而，有充分的证据表明，指南针大约从12世纪末期就开始在地中海地区使用了，在接下来的100年里，欧洲北部也使用了这种仪器。

对于在已知海域内的航行，数百年前就存在相当于现代航海指南的东西。在地中海和黑海，航海图和引航指南会告知水手相关信息。航海图指引水手发现港口，需配合引航指南使用，尚不明确二者谁出现得更早。《西氏引航指南》(*Periplus of Scylax*)是最古老、最全面的古代沿岸引航指南，历经多个世纪的风雨流传至今。配套的航海图早已不复存在，但在公元前5世纪和前4世纪，两者就是地中海的航行指南。

成书于公元5世纪前后的《伯里浦鲁斯游记》(*Periplus*)，与现代航海指南大同小异，提供了各地点之间距离，什么风向有利于靠近哪些岛屿，以及泊船设施和淡水获取方式等信息。比如：

从赫马埃亚（Hermaea）到勒斯阿克提（Leuce Acte）的距离是20斯塔达[①]，航程中有一座距陆地2斯塔达的岛屿，可停泊货船于此地，在西风时靠岸。海角下的岸边有一条宽阔的锚路，各种船舰都可以停靠。著名的阿波罗神庙旁可以补给淡水。

劳埃德·布朗（Lloyd Brown）在其著作《地图的故事》(*Story of Maps*）中指出，公元1000年前的航海图正本都没有被保存下来，至今仍不能确定它们是否存在过。他认为这是因为早期的海员小心翼翼地保守他们的航海路径，航海图是“通往帝国的钥匙”和“财富之道”，须珍藏密敛。因此，尽管现存最早的航海图样本是由佩特鲁斯·维斯康特（Petrus

① 古希腊长度单位，1斯塔达约为180米。——编者注

Vesconte）在 1311 年所绘，但这并不意味着此前不存在航海图。

荷兰人卢卡斯（Lucas）首次将航海图结集成册。1548 年他的《水手之镜》（*Mariner's Mirror*）出版，其中包含从欧洲西海岸须德海（Zuyder Zee）到加的斯沿岸的航线。很快，它被翻译成多种语言发行。多年以来，卢卡斯的作品指引着荷兰、英国、斯堪的纳维亚和德国的航海家穿越东大西洋水域，从加纳利群岛来到斯匹次卑尔根岛。之后的新版扩大了范围，包括设得兰群岛、法罗群岛，甚至远在俄罗斯北部海岸的新地岛。

16 世纪到 17 世纪，欧洲各国对马来群岛财富展开激烈竞争，在这种刺激下，私人公司而不是政府部门制作了最为精良的航海图。东印度公司雇佣水文测量员，制作秘密地图集，并把通往东方的航道作为最宝贵的商业秘密。但是 1795 年，东印度公司的水文测量员亚历山大·道尔林普（Alexander Dalrymple）成为海事法庭的官方水文测量员。在他的领导下，英国军事法庭开始对世界海岸进行勘测，这就是现代航路指南的由来。

不久之后，一位年轻人加入了美国海军，他就是马修·方丹·莫里（Matthew Fontaine Maury）。仅用了几年时间，莫里中尉就成为世界航海界的知名人物，并发表了著作《关于海洋的物理地理学》（*The Physical Geography of the Sea*），该书被认为奠定了海洋学的基础。在海上航行几年后，莫里掌管了华盛顿海军部的航图与仪器站，并开始从航海者的角度，进行风和洋流的实践研究。通过他的影响力和倡议，一个世界范围内的合作系统建立起来。各国的船长发送来他们的航海日志，莫里从中收集和组织信息，添加到航海图中。作为回报，合作的海员可以得到几份新的航海图副本。很快，莫里的航行指南引起世界关注：他将船只从美国东海岸到达里约热内卢的时间缩短了 10 天，到达澳大利亚的时间缩短了 20 天，绕行合恩角到达加利福尼亚州的时间缩短了 30 天。莫里发起的这个合作信息交换机制至今仍在运行，美国水文局的《航海图》和莫里航海图的新版本中都标有这样的文字："此图基于马修·方丹·莫里担任美国海军中尉期间的研究成果。"

在各海洋国家发布的现代航行指南和沿岸领航中，我们都可以找到指引航海者的最齐全的信息。这些作品用一种明确无误的润色手法，将现代和古典巧妙地结合在一起，书中有些信息显然可以追溯到《萨迦》或古代地中海海员的航海指南。

让人惊喜的是，当今的航海指南除包括如何使用短距离无线电导航系统来定位外，还建议航海者像千年前的北欧人一样，遵照飞行的鸟类和鲸的指引，在大雾天气找到陆地。在《挪威航海指南》(*Norway Pilot*) 中，我们读到了这样一段话：

[扬马延岛(Jan Mayen Island)] 附近大量海鸟的存在表明船已接近陆地，鸟群的嘈杂声可用于确定海岸的方向。

(熊岛) 周围的海洋上到处都是海雀。鸟群和它们接近时的飞行方向，再配合探测工具，对于在大雾天气中寻找岛屿非常有利。

对于南极洲，最近出版的《美国航海指南》(*United States Pilot*) 表示：

航海者应该观察鸟类的生活，通常可以从某些鸟类的存在中得出有价值的结论。鸬鹚的出现表明已经靠近陆地……雪海燕总是与冰联系在一起，水手对它们非常感兴趣，因为它们预示着航行途中的冰况……鲸总是游向开阔水域。

8

在描述偏远海域时，有时航海图只能记叙捕鲸人、海豹猎人或一些老渔夫所言，或者只附上半世纪前最后一艘在该海域探测的船所绘航海图，这表明此航道的适航性差或某些洋流的特征。通常，这些指南会告诫航海者，在出海前要向那些熟悉当地情况的人打听清楚。下面的文字让我们感觉到未知和神秘从未远离大海："据说那里曾经有一座岛……了解当地情况的人都如此声称……它的位置一直存在争议……一位经验丰富的海豹猎人说曾在这里发现了浅滩。"

在一些偏僻的地方，远古时代的黑暗仍然在海面上徘徊。不过整体来说，这种黑暗在被迅速驱离。海洋的大部分长度和宽度数据都已为我们所知，只有在涉及深海时，黑暗之海的概念才会出现在我们脑海。人类历时几个世纪才绘制出海面图，但描绘深海的进展似乎要迅速得多。但即使拥有所有的现代深海探测和取样仪器，也没有人敢断言，终有一天我们能解开海洋的最终谜团。

广义而言，另一个关于海洋的古老概念仍然存在。因为海洋就环绕着我们，各大陆之间的贸易都需要跨越海洋。陆地上飘荡的风可能发源于广阔的海洋，并一直在寻找回去的路。

陆地本身会被溶解，并通过风化侵蚀而融入大海。雨水来自海洋，又汇聚成河，百川归海。在久远神秘的过去，一切生命都起源于海洋，而它们在经过无数次演化后，遗骸终究会流入大海。一切的一切，最终都归于大海，归于海洋之神。海洋就像永不停息的时间之流，海洋既是起点也是终点。